银兴经济研究基金　2014年度江苏省社会科学基金　资助

江苏中小企业生态环境评价报告
（2014）

◎南京大学金陵学院企业生态研究中心　著

U0250433

南京大学出版社

图书在版编目(CIP)数据

江苏中小企业生态环境评价报告. 2014 / 南京大学
金陵学院企业生态研究中心著. — 南京：南京大学出版
社，2015.11
ISBN 978 - 7 - 305 - 15670 - 0

Ⅰ. ①江… Ⅱ. ①南… Ⅲ. ①中小企业－企业环境－
环境生态评价－研究报告－江苏省－2014 Ⅳ.
①X322.253

中国版本图书馆 CIP 数据核字(2015)第 192219 号

出版发行　南京大学出版社
社　　址　南京市汉口路 22 号　　　　邮　编　210093
出 版 人　金鑫荣
书　　名　**江苏中小企业生态环境评价报告(2014)**
著　　者　南京大学金陵学院企业生态研究中心
责任编辑　王抗战　宋 抟　　　　编辑热线　025 - 83596997
照　　排　南京南琳图文制作有限公司
印　　刷　南京京新印刷厂
开　　本　787×1092　1/16　印张 13　字数 308 千
版　　次　2015 年 11 月第 1 版　2015 年 11 月第 1 次印刷
ISBN 978 - 7 - 305 - 15670 - 0
定　　价　30.00 元

网址：http://www.njupco.com
官方微博：http://weibo.com/njupco
官方微信号：njupress
销售咨询热线：(025) 83594756

＊版权所有，侵权必究
＊凡购买南大版图书，如有印装质量问题，请与所购
　图书销售部门联系调换

《江苏中小企业生态环境评价报告》

编 委 会

顾　　问：洪银兴

编委会成员（以姓氏笔画为序）：

于　润　吴作民　苏文兵

杨　波　陈丽花　陈　敏

郑江淮　赵曙东　耿修林

徐林萍

序　言

南京大学金陵学院企业生态研究中心首次发布的《江苏中小企业生态环境评价报告（2014）》，是南京大学"政、产、学、研"深度融合的重要成果，具有很强的现实意义。这是因为，党的十八届三中全会以来，我国宏观经济最突出的状态是经济增长速度的换挡，进入到"七上八下"的中高速增长阶段，中高速增长成为我国新阶段的新常态。新常态下一个重大转变，就是从"政策经济"向市场经济转变，市场在资源配置中发挥决定性作用，意味着信息主导市场配置资源的功能将日益强化，即市场更加依赖及时、透明和真实的信息，以提升资源配置的效率、经济发展的质量和增强风险管控的能力。

针对我国经济新常态的特征，南京大学金陵学院企业生态研究中心在国内首创中小企业景气指数和生态环境评价体系，并于2014年11月起，逐年发布江苏省中小企业景气指数和江苏中小企业生态环境评价报告，及时向市场披露江苏中小企业的景气指数和中小企业生态环境变化趋势的关键信息，这具有非常重要的导向意义。这是因为，江苏的许多企业，尤其是中小企业，他们直接面对市场经营，景气状况及生态环境的变化状况对他们来讲影响很大。景气指数和生态环境评价的信息不仅仅是对过去的总结，更重要的是对未来的发展有重大导向作用，它的发布有利于中小企业根据这些变化的信息及时调整预期和优化发展策略，提升竞争力和防控风险隐患。

尤其需要强调的是，江苏的中小企业对江苏的就业贡献最大，对国民经济的发展贡献最大，并直接关乎民生及社会的和谐与稳定。显然，从政策层面关注中小企业景气指数和生态环境的变化，心系中小企业的成长态势和存在的问题，创建更适于中小企业发展的服务体系，是政府在新常态下迫在眉睫的重要职责。

2014年发布的江苏中小企业景气指数和生态环境评价报告，仅仅是一个起点，分析研究的是基期数据，这些数据和结论还不能确保市场的认可，还有许多需要修正、补充和完善的地方。中小企业景气指数和生态环境评价的价值在于科学的统计、编制和评价体系，尤其在于持续地跟踪监测、研究、编制和发布，并形成时间序列，且持续时间越长，研究价值和应用价值才会越高。这意味着南京大学金陵学院企业生态研究中心任重而道远，还将面临诸多困难和挑战。

所以我希望南京大学金陵学院企业生态研究中心全力以赴，努力整合南京大学、社会各界以及各级政府的优质资源，扎扎实实地夯实好这个研究平台，将每年推出的景气指数和评价报告打造成更加科学严谨和更有公信力的标志性成果，为江苏的中小企业和江苏的经济发展做出实实在在的贡献。

洪银兴

2015 年 6 月

前　言

　　《江苏中小企业生态环境评价报告(2014)》是南京大学金陵学院企业生态研究中心推出的阶段性成果。报告首次运用企业生态环境的概念,创建了中小企业景气指数和中小企业生态环境评价体系;首次针对江苏省13个城市①的中小企业进行问卷调研,编制和发布江苏中小企业景气指数(已于2014年11月26日发布),出版江苏中小企业生态环境评价报告;首次分别对苏南、苏中和苏北三地区和江苏省13个城市的中小企业景气指数和生态环境进行比较和评价。

　　南京大学金陵学院企业生态研究中心为更好地服务于江苏省中小企业的发展,依托南京大学,创建了高质量、高水平的信息平台和研究平台。从2014年起,每年持续编制和发布江苏中小企业景气指数,每年持续出版江苏中小企业生态环境评价报告,以连续的时间序列成果,动态地及时准确地公开披露江苏中小企业景气指数和生态环境变化的信息,充分发挥信息配置资源的市场功能,以期成为江苏中小企业决策优化和政府服务创新的重要依据。

　　南京大学金陵学院企业生态研究中心依托南京大学商学院高水平师资队伍和教学科研资源,拥有一大批从事产业经济、经济统计、金融和财务管理、企业管理、电子商务和市场营销、国际经济与贸易等学科的知名专家教授,所构成的专家顾问团队将全程指导江苏中小企业生态环境评价研究;同时,研究中心和顾问团队具有独立第三方特征,能确保调研报告中信息和观点的公信力和高水平。

　　南京大学金陵学院企业生态研究中心编制的江苏中小企业景气指数和江苏中小企业生态环境评价报告中的分析、观点和评价均源于问卷调查形成的数据和同期江苏省统计局公布的数据,研究中心将凭借独到的评价体系、大样本和全覆盖的问卷、官方统计数据以及高水平的研究实力,力求信息和评价的客观和公正。当然,正因为是首次推出的成果,必然存在着许多不足,还有很多亟待修正和完善的地方,研究中心将广泛汲取各方建议,逐年改进存在的问题,不断提高成果的质量,努力使这一持续发布的年度报告成为市场高度关注和认可的标志性成果。

南京大学金陵学院企业生态研究中心

---

　　①　13个城市是:南京、苏州、无锡、常州、镇江、扬州、泰州、南通、淮安、宿迁、盐城、连云港、徐州。

目　录

第一章 企业生态环境的诠释及其评价的意义和特色

1.1 从自然生态到企业生态环境

企业生态环境是一个全新的仿生概念,最早源于对"生态"的研究,后随着与人类密切相关的自然环境、经济环境、社会环境的变化,其研究领域不断延伸、丰富和拓展,提出并不断完善了"自然生态"、"自然生态系统"、"企业生态系统"、"生态环境"、"金融生态环境"、"企业生态环境"等诸多概念。本报告对其中一些概念作简要的梳理,并进一步诠释"企业生态环境"的概念。

1. 自然生态和自然生态系统

"生态"一词早期定义为"生物在一定的自然环境下生存和发展的状态"。由此,自然生态指"生物之间以及生物与环境之间的相互关系与存在的状态";而自然生态系统是"由生物群落及其赖以生存的物理环境共同组成的动态平衡系统,由生物群落和物理环境两部分组成"。生物群落构成生命系统,由生产者、消费者和分解者共同组成;物理环境包括阳光、土壤、水、空气、有机物等,是生命系统赖以生存的基础。生物群落与物理环境之间不断进行物质循环和能量流动,从而保持动态平衡,使得整个生态系统得以存在和发展。也有将生态系统定义为"生物与环境构成的统一整体,在这统一整体中,生物与环境之间相互影响,相互制约,并在一定时期内处于相对稳定的动态平衡状态"。

2. 企业生态系统

随着人类经济社会的进步和发展,到 20 世纪末和 21 世纪初,在经济全球化、金融全球化浪潮的推动下,经济环境、市场环境和自然环境都发生了巨大变化。环境的恶化和竞争的加剧促使越来越多的研究从生态学角度,将自然、经济和社会纳入到一个生态系统(生态环境)中,探索平衡、可持续、优化、和谐发展等问题。

1998 年世界著名杂志《Nature》发表了一篇题为"The Bridging of Ecology and Economics"的论文,提出生态经济学的概念,认为生态经济学是将生态和经济合二为一的新学科。近年来,生态经济学的研究领域不断拓展,涵盖企业生态、企业生态系统、产业生态、区域经济生态、全球经济生态、金融生态、金融生态环境等。其中,企业生态及企业生态环境的研究成为生态经济学研究领域中最为活跃的部分。

企业作为经济活动中的生产者,是经济生态系统中最基础和最重要的主体之一,其生存与发展无时不受生态环境的影响。美国著名管理学家詹姆斯·弗·穆尔(James F. Moore)于 1996 年在其专著《竞争的衰亡》中首次提出了企业生态系统的概念,并将生态演化系统的理论应用到企业管理战略的分析中。同年,苏恩和泰森(Suan & Tan Sen,

1996)在专著《企业生态学》(Enterprise Ecology)中将自然生态系统原理运用到企业活动中,所涉及的组织包括工业部门、学术领域和政府机构等。

国内关注企业生态系统的研究成果相对较少。韩福荣等(2002)在《企业仿生学》一书中把企业视为生物进行"解剖",运用生物学原理诠释企业的功能系统。梁嘉骅等(2001,2005)将企业生态系统定义为企业与企业生态环境形成的相互作用、相互影响的整体,认为企业生态系统是一个开放的复杂巨系统,可分为企业生物成分和非生物成分两部分,生物成分是由消费者、代理商、供应商以及同质企业群所构成,非生物成分就是企业生态环境,主要是经济生态、社会生态和自然生态;企业生态系统具有复杂性和演进性的特点,企业需要通过自身的调整来适应这种复杂性从而提升企业竞争力;企业生态与企业发展、企业管理的演化密切相关。

结合生态系统的定义(生物和环境构成的统一整体)和上述梁嘉骅的定义,那么,企业生物成分具有企业生态的内生性(内源性)特征,而非生物成分具有企业生态的外源性特征。由此延伸,随着经济全球化和金融全球化的加速深化,国家之间、市场之间日益融合,全球化、一体化特征必将加速信息的国际传递和危机的国际传染,过去一些在企业生态系统中毫无关联的事件,可能会因"蝴蝶效应"而受到波及甚至冲击(如美国次贷危机、欧债危机等),加之企业外部大环境的不确定性(如政策的不确定性和信息的不可预期性),这些外源性因素很有可能对企业生态环境乃至企业生态系统造成实质性的影响。

3. 金融生态与金融生态环境

周小川(2004)最早将生态学的概念引申到金融领域,并强调用生态学的方法来考察金融发展问题。中国社科院金融研究所李扬、王国刚、刘煜辉(2005)将金融生态系统定义为由金融主体及其赖以存在和发展的金融生态环境构成,两者之间彼此依存、相互影响、共同发展,形成动态平衡系统;他们还提出了金融生态环境的概念,将其界定为由居民、企业、政府和国外等部门构成的金融产品和金融服务的消费群体,以及金融主体在其中生成、运行和发展的经济、社会、法制、文化、习俗等体制、制度和传统环境。该研究所于2005年起陆续发布了中国城市(地区)金融生态环境评价报告,以城市经济基础、企业诚信、地方金融发展、法制环境、地方政府公共服务、金融部门独立性、诚信文化、社会中介服务、社会保障程度共计9个方面为投入,以城市金融生态现实表征为产出,通过数据包络分析,对中国大中城市(地区)的金融生态环境进行综合评价。

4. 对企业生态环境的诠释

近年来形成了一些企业生态系统的研究成果,但对企业生态环境的界定和研究的成果不多,也缺少两者的比较研究。鉴于本研究的对象是企业生态环境,有必要做出尽可能严谨的说明。

一般而言,我们通常认知(汉语词典的定义)的"生态"是指生物在一定的自然环境下生存和发展的状态,"环境"意指周围的地方,或周围的情况和条件。"生态环境"①则是"由生态关系组成的环境"。若以自然科学视角定义生态环境,即"围绕生物有机体的生态条件

---

① 在我国,生态环境(ecological environment)一词最早出现在1982年全国人民代表大会第五次会议的政府工作报告上,当时第四部宪法第二十六条的表述是"国家保护和改善生活环境和生态环境,防止污染和其他公害"。

的总体,由许多生态因子综合而成"。如果从经济学或社会学的视角定义生态环境,则是"与人类密切相关、影响人类生活和生产活动的各种自然力量和经济力量的总和"。由此推论,企业生态环境即是与企业密切相关、影响企业生存和发展的各种力量(生态条件及生态条件影响因子)的总和。

企业生态系统与企业生态环境,从定义上看,两者有很多共性,但有无区别,有哪些区别,怎样才能清晰界定两者的区别,至今未能达成共识。若将研究对象和研究目的定位于江苏中小企业的成长和发展,用"企业生态环境"一词更为贴切,理由如下:

(1) 从研究范畴看,研究单一企业成长的影响因素,用"企业生态系统"较为适宜;而研究一个省或者更大范围内不同规模、不同行业中小企业的成长与发展问题,用"企业生态环境"更为贴切。

(2) 从综合生态条件的"内源性"和"外源性"考量,相对于"生态"、"环境"不但能涵盖企业、产业、行业的内源性生态条件,还更具外源性特征。研究企业生态环境,则是将区域内众多企业作为一个整体,研究哪些因素(生态条件影响因子)将影响这些企业的生产经营、如何影响、影响程度大小等问题,尤其是在经济和金融全球化、市场更加一体化和网络化趋势下,外部环境的不确定性及动荡不定,加大了企业成长和发展的压力,这种不确定性源于多种因素(生态条件影响因子),如资源供给的不确定性、市场需求的不确定性、金融市场的不确定性、政策环境的不确定性,甚至竞争压力的不确定性,这些不确定性大多具有外源性特征。本研究针对的是江苏中小企业的景气指数(行业和经济运行状况),研究江苏众多中小企业整体的、地区的和主要城市的生存和发展状态,因此用"企业生态环境"更为贴切。

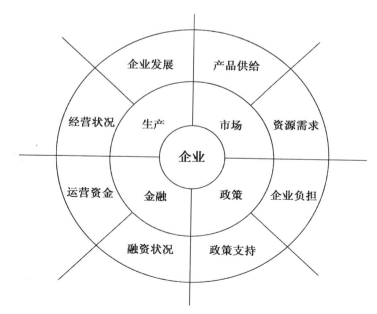

图 1-1　企业生态环境的构成

注:图 1-1 中的"生产"包括"服务"。

因此，本报告将研究对象确定为江苏中小企业生态环境，并将影响企业生存和发展的各种因素归为四个生态条件，分别为：生产（服务）生态条件、市场生态条件、金融生态条件和政策生态条件（图1-1）。

图1-1中的生产（服务）生态条件从企业经营状况和发展状况两个维度综合考察，其影响因子主要有：企业综合生产（服务）经营状况、生产（服务）总量、经营（服务）成本、产能利用、营业收入、利润变化、产成品库存、劳动力需求与人工成本、固定资产投资、新产品开发，以及规模以上中小企业工业总产值、批发和零售业总额、住宿和餐饮业总额、专利授权数量、私营个体经济固定资产投资等统计指标。

图1-1中的市场生态条件从产品供给和资源需求两个维度综合考察，其影响因子主要有：新签销售合同、产品（服务）销售范围、产品或服务销售价格、营销费用、产成品库存、原材料及能源购进价格、劳动力需求与成本、融资需求与成本等，以及全社会用电量、亿元以上商品交易市场商品成交额、规模以上工业企业产品销售率、总资产贡献率、负债率、私营个体企业户数等统计指标。

图1-1中的金融生态条件从融资状况和运营资金两个维度综合考察，其影响因子主要有：应收款、流动资金、融资需求、融资可获性、融资成本、融资渠道、投资计划，以及规模以上工业企业流动资产、应收账款、单位经营贷款与存款余额、票据融资、年末金融机构贷款余额等统计指标。

图1-1中的政策生态条件从政策支持和企业负担两个维度综合考察，其影响因子主要有：融资优惠、税收优惠、税收负担、行政收费、专项补贴、政府效率、人工成本等，以及一般公共服务、社会保障和就业财政预算支出、企业所得税、行政事业性收费收入占GDP比重、从业人数、城镇居民可支配收入等统计指标。

由图1-1的四个生态条件构成的企业生态环境是一个动态变化的、整体的循环系统，决定了企业的生存和发展状态，反映了企业整体的成长特征、规律与趋势，其综合评价信息能为企业和政府在管理决策、政策选择与战略制定方面提供依据；企业能根据企业生态环境变化的信息适时进行自我调整，主动应对多变的环境，以期赢得更多生存和发展的新机遇；政府能根据企业生态环境变化的信息不断创新和完善服务支持体系，优化政策生态环境，为企业的成长和竞争力的提升保驾护航。

1.2 江苏中小企业生态环境评价研究的现实意义

2014年江苏统计年鉴显示（表2-4），江苏中小企业数占比为97.4%，工业总产值占比61%，总资产占比55.8%，平均资产收益率10%（高于大型企业的6.5%），总资产贡献率34.3%（高于大型企业的12.56%）。显然，江苏中小企业对江苏经济做出了巨大贡献，同时也意味着江苏中小企业的成长和发展与江苏经济社会健康发展息息相关，与江苏社会和谐与稳定息息相关，其地位和重要性可形象地比喻为"江苏经济生态环境中的生命之水、国计民生之水和社会和谐之水"。因此，培育和优化江苏中小企业生态环境，大力扶持江苏中小企业成长和发展，是江苏省各级政府、各行各业乃至全社会的共同责任，也是我们南京大学金陵学院企业生态研究中心积极参与和努力的方向。2014年江苏中小企业景气指数的编制发布和江苏中小企业生态环境评价报告的出版,就是本研究中心的阶段性成果和贡献。本中心从 2014 年起,每年赴江苏 13 市中小企业调研,编制和发布江苏中小企业景气指数,出版江苏中小企业生态环境评价的年度报告。

党的十八届三中全会的一个重大决策,就是要由过去的市场发挥基础性作用向市场发挥主导性、决定性作用转型。这一转型意味着信息主导市场配置资源的功能将日益强化。信息经济学认为,商品或金融资产的价格凝聚着各种信息,信息变化必然会导致市场主体的预期变化和选择变化,进而改变商品或金融资产的供求和价格,最终改变其资源的配置效率;信息越充分越对称,市场效率越高,即信息决定着资源配置的效率[①]。显然,当代市场经济条件下,信息是决定经济运行效率的最关键、最核心的要素。

南京大学金陵学院企业生态研究中心深入江苏 13 市中小企业集聚区调研,编制和发布江苏中小企业年度景气指数,分析、研究、撰写和出版江苏中小企业生态环境评价年度报告,及时、充分和准确地向市场持续发布企业运行状态和发展趋势的关键信息,发布企业生态环境变化及其趋势的关键信息,不但能很好地填补江苏中小企业有关统计信息的空白,并能为江苏中小企业以及各级政府的科学管理和决策奠定坚实基础,有助于提升江苏经济发展的资源配置效率。

近年来,传统企业尤其是中小企业正面临着来自四个方面的日益严酷的竞争压力:一是源于经济全球化和金融全球化推动的市场竞争压力;二是源于基于互联网的大数据、云计算的信息技术创新的压力;三是源于产能过剩、经济下行的压力;四是融资难的压力。这四个方面的压力促使一些企业必须转变竞争理念,即从传统的"渠道竞争"(产品销售渠道)向专注"平台竞争"(互联网平台+)转型,并进一步提升"生态竞争力"[②],即打造基于互联网的大数据和云计算等信息技术的生态型公司,或融入企业生态环境,通过分工和合作求得生存和发展。显然,以企业生态环境为视角编制和发布江苏中小企业景气指数,研究和发布江苏中小企业生态环境评价年度报告,有助于企业和政府及时、准确地获取行业和市场运行的动态信息;有助于中小企业、市场主体和政府根据这些信息进行自我评估,做出前瞻性的研究和决策;有助于提升全社会的资源配置效率,以保证市场平稳运行和健康发展。

1.3 江苏中小企业生态环境评价报告的特色

本报告的主要特色如下:

特色 1 研究中心以企业生态环境为视角,创建基于中小企业景气指数的中小企业生态环境评价体系(图 1-1 所示),这一评价体系由生产(服务)、市场、金融、政策四大生态条件构成,每一生态条件包括两个维度,每个维度由若干调研指标和统计指标(国家统

① 阐释这个观点的著名学者有 2001 年诺贝尔经济学奖得主斯蒂格里茨(为信息经济学的创立做出重大贡献)、2013 年诺贝尔经济学奖得主尤金·法玛(有效市场假说)等。

② "产品型公司值十亿美金,平台型公司值百亿美金,生态型公司值千亿美金"形象地说明企业提升竞争力的努力方向。生态型公司不但能凭借互联网+平台充分整合与利用信息,高效率配置资源,还具备内部管理低碳绿色,外部合作和谐共赢等特征。

计局统计年鉴上的指标),涵盖了影响中小企业生存和发展的各种影响因子,可以动态、全方位和客观真实地观察和评价中小企业的生存发展态势。

特色2 研究中心将从2014年起持续发布年度江苏中小企业景气指数和江苏中小企业生态环境评价报告,报告的研究和评价对象是江苏的中小企业,并细分为中、小、微企业,并对区域(苏南、苏中、苏北)和江苏13个省辖市的景气指数和生态环境进行深度比较。从指标体系看,统计局系统现行的统计都是针对规模以上企业的,本研究中心创建的指标体系则是针对中小微企业,可以与政府的统计数据形成互补,及时准确地反映江苏省中小微企业成长的生态环境的变化。这在江苏乃至全国都是首创,填补了这方面的统计空白和研究空白。

特色3 研究中心发布的景气指数和生态环境评价报告依据的信息数据,是南京大学金陵学院商学院师生团队在暑期赴江苏13市中小企业集聚区,通过对中、小、微企业家或企业主一对一的问卷调研后,将问卷收集整理和分析处理后形成的。2014年的有效问卷3 500份,具有大样本、全覆盖的特征。今后,南京大学金陵学院商学院每年至少有300~500人左右的学生从事这项调研,确保有效问卷在4 500份以上。一对一问卷和大样本、全覆盖的特征将显著提升景气指数和评价报告信息的真实性和准确性。

特色4 研究中心依托南京大学商学院高水平的师资队伍和丰富的教学科研资源,拥有一大批产业经济学、统计学、财务管理学、企业管理学、电子商务和市场营销学、金融学、国际贸易学方面的知名教授构成的专家顾问团队,全程指导景气指数的编制和生态环境的研究和评价;同时,本研究中心和顾问团队具有独立第三方特征,有助于确保景气指数和调研报告中信息和观点的公信力和高水平。

特色5 本研究中心推出的江苏中小企业景气指数和中小企业生态环境评价报告是"政、产、学、研"深度融合的结晶和标志性成果,在景气指数调研、编制和生态环境评价过程中不但得到南京大学商学院、南京大学金陵学院的大力支持,得到江苏13市中小企业家的大力支持,还得到江苏省经济和信息化委员会(中小企业局)、江苏省统计局、江苏省金融办公室、江苏省委政策研究室信息处的鼎力支持,特别是江苏省经济和信息化委员会为景气指数和生态环境评价的研究提供了大量翔实的文献资料,丰富了评价报告的内容,并帮助调研团队扩展和打通了江苏13市中小企业集聚区的联络渠道,创造了便利的调研条件,为确保研究质量奠定了良好的基础。

第二章　江苏省中小企业的基本情况

第三次全国经济普查数据显示(表 2-1),2013 年末,江苏省第二产业和第三产业共有法人单位 104.9 万个(其中企业法人 91 万个),产业活动单位 116.1 万个,有证照个体经营户 251.8 万个。在 91 万个企业法人单位中,小微企业法人单位 87.8 万个,占全部企业法人单位的 96.5%;从业人员 1 620.1 万人,占全部企业法人单位从业人员的 49.2%;私营企业法人单位 74.6 万个,占全部企业法人单位的 82%。

表 2-1　单位数与有证照个体经营户数

	单位数(万个)	比重(%)
一、法人单位(第二产业、第三产业)	104.9	100.0
企业法人	91.0	86.8
机关、事业法人	4.7	4.5
社会团体和其他法人	9.1	8.7
二、产业活动单位	116.1	100.0
第二产业	40.3	34.7
第三产业	75.8	65.3
三、有证照个体经营户	251.8	100.0
第二产业	16.2	6.4
第三产业	235.6	93.6

数据来源:《江苏省第三次全国经济普查主要数据公报》

在全部法人单位中,位居前三位的行业是:制造业 34.7 万个,占 33.1%;批发和零售业 29.9 万个,占 28.5%;租赁和商务服务业 7.8 万个,占 7.4%。有证照个体经营户 251.8 万个,其中位居前三位的行业是:批发和零售业 129.8 万个,占 51.6%;交通运输、仓储和邮政业 67.8 万个,占 26.9%;居民服务、修理和其他服务业 15.4 万个,占 6.1%(表 2-2)。

表 2-2　按行业分组的法人单位与有证照个体经营户数量和从业人员

	法人单位		有证照个体经营户	
	数量 (万个)	从业人员 (万人)	数量 (万个)	从业人员 (万人)
合计	**104.9**	**3 648.1**	**251.8**	**760**
采矿业	0.1	16	0	0.2
制造业	34.7	1 606.5	15.1	89.5
电力、热力、燃气及水生产和供应业	0.2	18.4	0	0.1

	法人单位		有证照个体经营户	
	数量 (万个)	从业人员 (万人)	数量 (万个)	从业人员 (万人)
建筑业	4.3	840	1.1	6
批发和零售业	29.9	317.2	129.8	358.9
交通运输、仓储和邮政业	2.6	86.4	67.8	145.6
住宿和餐饮业	1.1	44.8	15.1	79.6
信息传输、软件和信息技术服务业	2.1	54.8	0.5	1.3
金融业	0.2	46.4	0	0
房地产业	2.9	68.7	0.7	1.9
租赁和商务服务业	7.8	107.5	2.6	8.3
科学研究和技术服务业	4	68.7	0.9	3.4
水利、环境和公共设施管理业	0.8	22.1	0	0.2
居民服务、修理和其他服务业	1.5	20.1	15.4	54.1
教育	1.8	109.9	0.4	1.8
卫生和社会工作	1.4	57.5	0.5	1.6
文化、体育和娱乐业	1.5	20.2	1.6	6.8
公共管理、社会保障和社会组织	6.6	123.8	—	—

注:表中法人单位合计数含从事农、林、牧、渔服务业和兼营第二、三产业活动的农、林、牧、渔业法人单位1.3万个,从业人员19.2万人;有证照个体经营户合计数含从事农、林、牧、渔服务业活动的个体经营户0.3万个,从业人员0.9万人。

数据来源:《江苏省第三次全国经济普查主要数据公报》

2.1 法人单位基本情况

2013年末,在全省第二产业和第三产业法人单位中,企业法人单位占86.8%(表2-1),企业法人单位从业人员占全部法人单位从业人员的90.2%。在法人单位中,第二产业占37.5%,第二产业法人单位从业人员占全部法人单位从业人员的68%(图2-1);第三产业占62.5%,占全部法人单位从业人员的32%。在法人单位中,第二产业无论从单位数量,还是从业人数方面都占据主导地位。"制造业"的法人单位数量和从业人员数量都居首位,数量上占法人单位数量的1/3,从业人员数量占法人单位总从业人员的44%。可见,在江苏省目前的经济结构中,制造业仍占相当重要的地位。"批发和零售业"的法人单位数量居第二,接近全部法人单位的1/3。批发和零售业的有证照个体经营户达到129.8万个,占全部有证照个体经营户的1/2;从业人员达到358.9万人,占全部有证照个体经营户的47.2%。

在有证照个体经营户中,第二产业占6.4%,第三产业占93.6%。有证照个体经营户从业人员中,第二产业占12.6%,第三产业占87.4%。有证照个体经营户基本集中在第三产业,无论是经营户数量,还是从业人员数量,居前两位的行业都是"批发和零售业"和"交通运输、仓储和邮政业"。"住宿和餐饮业"在有证照的个体经营户中,经营户数量和从

业人员数量都只列第 4 位,在法人单位中江苏省生活服务业的比重较低,排名靠后,见图
2-1 和表 2-3。

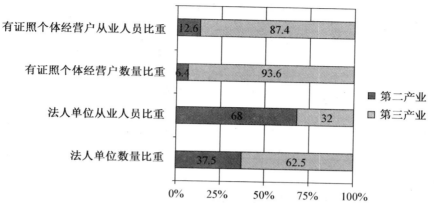

图 2-1　二三产业法人单位与有证照个体经营户数量、从业人员比重

数据来源:《江苏省第三次全国经济普查主要数据公报》

表 2-3　法人单位与有证照个体经营户前两位行业的情况

项目	位次	数量			从业人员		
		前两位行业	数量 (万个)	占比 (%)	前两位行业	数量 (万个)	占比 (%)
法人单位	第 1 位	制造业	34.7	33.1	制造业	1 606.5	44
	第 2 位	批发和零售业	29.9	28.5	建筑业	840	23
有证照个体 经营户	第 1 位	批发和零售业	129.9	51.6	批发和零售业	358.9	47.2
	第 2 位	交通运输、仓 储和邮政业	67.8	26.9	交通运输、仓 储和邮政业	145.6	19.2

数据来源:《江苏省第三次全国经济普查主要数据公报》

2.2　大、中、小微型工业企业基本情况

《江苏统计年鉴(2014)》显示(表 2-4),2013 年江苏省规模以上工业企业 46 387 个,
约占全部工业企业的 13.3%。其中,大型企业的工业总产值为 5.24 万亿元,占全部规模
以上工业企业总产值的 38.9%,数量仅占 2.6% 的大型企业,与数量上占绝对优势的小微
型企业工业总产值基本持平,中型企业的工业总产值低于大型企业和小微型企业,仅占
22.7%;大型企业的资产总计占 44.2%,远高于中、小微企业。大型企业的资产收益率、
总资产贡献率等指标都低于中小微企业,但亏损面也低于中小微企业(表 2-4)。值得关
注的是,中型企业虽然资产收益率、总资产贡献率等指标高于大型企业,但中型企业的亏
损面也是最大的,达到 15.5%,高出大型企业 6 个多百分点。小微企业的资产收益率、总
资产贡献率都高于大型企业、中型企业,显示出从整体上看,小微型企业具有更高的经济

运行效率(表 2-4)。但小微企业的亏损面达到 12.75%,再加上小微企业的数量较多,更易进入人们的日常视野,因此容易留下"普遍亏损"的印象。

表 2-4 江苏省大、中、小微型工业企业主要经济指标

企业规模	企业单位数		工业总产值		资产总计		资产收益率(%)	总资产贡献率(%)	企业亏损面(%)
	数量(个)	占比(%)	数量(亿元)	占比(%)	数量(亿元)	占比(%)			
合计	46 387	100%	134 648.9	100%	92 081.7	100%	—	—	—
大型企业	1 196	2.6%	52 421.9	38.9%	40 690.5	44.2%	6.5%	12.54	9.03
中型企业	5 932	12.8%	30 612.2	22.7%	22 019.7	23.9%	9.5%	15.97	15.31
小微型企业	39 259	84.6%	51 614.8	38.3%	29 371.5	31.9%	10.5%	18.36	12.75

数据来源:《江苏省统计年鉴(2014)》

表 2-5 显示,按大中小型工业企业分组[①],中小型工业企业数占全部工业企业的 99.85%,从业人员数占全部工业从业人员数的 85.2%。到 2013 年末,全省共有工业企业法人单位 35 万个,从业人员 1 640.8 万人,分别比 2008 年末增长 29.8% 和 16.8%;规模以上工业企业占全部工业企业的 13.3%。可见,2008 年以来,江苏的经济结构发生了较大变化,规模以下工业的比重增长了 11 个百分点。

表 2-5 2008 年第二次经济普查按大中小型工业企业分组

指标 企业规模	企业单位数		全部从业人员年平均人数	
	数量(个)	占比	人数(万人)	占比
总 计	266 129	100%	1 463.6	100%
大型企业	405	0.15%	217.0	14.83%
中型企业	4 382	1.65%	317.5	21.69%
小型企业	261 342	98.20%	929.1	63.48%

数据来源:《江苏经济普查年鉴(2008)》,下同。

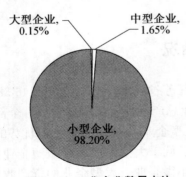

图 2-2 工业企业数量占比

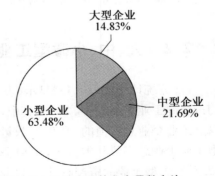

图 2-3 工业企业从业人员数占比

---

① 数据来源:《江苏经济普查年鉴(2008)》。

2.3 江苏省小微企业情况

《江苏省第三次全国经济普查主要数据公报》显示(表 2−6),2013 年末,全省共有第二产业和第三产业的小微企业法人单位 87.8 万个,占全部企业法人单位 96.5%。其中,位居前三位的行业是:工业 34.2 万个,占全部企业法人单位 39.0%;批发业 21.3 万个,占 24.3%;零售业 7.6 万个,占 8.7%。结合统计年鉴数据可以发现,有 80 多万个小微企业法人单位属于规模以下企业。

江苏省小微企业从业人员 1 620.1 万人,占全部企业法人单位从业人员 49.2%。其中,位居前三位的行业是:工业 936.3 万人,占全部企业法人单位从业人员 57.8%;建筑业 185.4 万人,占 11.4%;批发业 165.9 万人,占 10.2%。小微企业的企业法人单位数量虽然占 96.5%,但从业人员仅占全部法人单位从业人员的 49.2%,小微企业以其数量上的优势吸纳着大量的就业人员,而单位就业人数并不多,平均每个企业只有 27.38 人。表 2−6 显示,工业和建筑业是小微企业吸纳就业人员的主体,目前这两个行业中小微企业吸纳的就业人数占小微企业总就业人数的 69.2%。

表 2−6 按行业分组的小微企业法人单位、从业人员和资产总计

	企业法人单位		从业人员		资产总计	
	数量 (万个)	占比 (%)	数量 (万人)	占比 (%)	数量 (亿元)	占比 (%)
合计	87.8		1 620.1		139 895.2	
工业	34.2	39.0%	936.3	57.8%	49 059.7	35.1%
建筑业	4	4.6%	185.4	11.4%	4 661.7	3.3%
交通运输业	2.3	2.6%	42.4	2.6%	3 916.8	2.8%
仓储业	0.2	0.2%	2.5	0.2%	819.8	0.6%
邮政业	0.1	0.1%	1.4	0.1%	39.5	0.0%
信息传输业	0.4	0.5%	3.6	0.2%	172.7	0.1%
软件和信息技术服务业	1.7	1.9%	17.1	1.1%	1 057.5	0.8%
批发业	21.3	24.3%	165.9	10.2%	13 407.4	9.6%
零售业	7.6	8.7%	55.7	3.4%	2 529.6	1.8%
住宿业	0.3	0.3%	7.1	0.4%	289.1	0.2%
餐饮业	0.7	0.8%	16.1	1.0%	339.4	0.2%
房地产开发经营	0.6	0.7%	9.6	0.6%	8 347.7	6.0%
物业管理	0.9	1.0%	22.4	1.4%	855.5	0.6%
租赁和商务服务业	6.8	7.7%	83.5	5.2%	41 894.5	29.9%
其他未列明行业	6.4	7.3%	69.1	4.3%	12 292.1	8.8%

注:表中小微企业法人单位合计数含从事农、林、牧、渔服务业和兼营第二、三产业活动的农、林、牧、渔业小微企业法人单位 0.2 万个,从业人员 2.0 万人,资产总计 212.2 亿元。

数据来源:《江苏省第三次全国经济普查主要数据公报》

小微企业法人单位资产总计 139 895.2 亿元,占全部企业法人单位资产总计 35%。其中,位居前三位的行业是:工业资产 49 059.7 亿元,占全部企业法人单位资产总计 35.1%;租赁和商务服务业 41 894.5 亿元,占 29.9%,批发业资产 13 407.4 元,占 9.6%,租赁和商务服务业成为小微企业中相对集聚的行业,有近 30%小微企业的资产集中在这些行业。见表 2 - 6。

2.4 有证照个体经营户情况

按照现行的统计口径,有证照个体经营户是指"除农户外,生产资料归劳动者个人所有,以个体劳动为基础,劳动成果归劳动者个人占有和支配的一种经营组织"。由此可见,这类经济组织是以个体劳动为基础,因而它的规模就不会太大。从资产规模、从业人数等方面,通常会小于小微企业,属于更加基层的经济活动单元。

《江苏省第三次全国经济普查主要数据公报》显示,2013 年末江苏有证照个体经营户 251.8 万个,比 2008 年末增加 75 万个,增长 42.4%;其中第二产业 16.2 万个,占 6.4%,第三产业 235.6 万个,占 93.6%,可见有证照个体经营户主要从事第三产业。位居前三位的行业是:批发和零售业 129.8 万个,占 51.6%;交通运输、仓储和邮政业 67.8 万个,占 26.9%;居民服务、修理和其他服务业 15.4 万个,占 6.1%(表 2 - 2)。

第三章 江苏中小企业景气指数及生态环境研究模型

3.1 江苏中小企业生态环境研究体系

中小企业在社会经济发展中起着至关重要的作用。随着中国经济市场化程度的提升,中小企业对国民经济的贡献不断增强,在完善产业链、创造财富和解决就业等方面起着不可替代的作用。持续准确地发布中小企业景气指数及其生态环境评价报告,可以从生产、市场、金融、政策等角度反映中小企业的生存环境现状和发展趋势,也有助于政府的政策调整,更好地建立健全和完善中小企业的政府服务体系。

江苏是我国的经济强省,中小企业在江苏省经济发展中发挥着重要作用。创建中小企业景气指数编制模型和中小企业生态环境评价模型,对中小企业的生态环境进行专项研究,提出完善和优化中小企业生态环境的对策建议,将对江苏经济发展和社会的和谐稳定发挥积极的促进作用。

江苏中小企业生态环境评价年度报告是南京大学金陵学院企业生态研究中心的标志性成果。该报告依据南京大学金陵学院商学院组织师生赴江苏省 13 个省辖市进行市场调研的结果,整合江苏省统计局发布的相关统计数据,创建了一套系统、科学的评价体系;根据企业生态条件各个影响因子的重要程度,在中小企业景气评价基础上,结合中小企业的经济运营特征,建立了中小企业生态环境评价指标体系;通过生态环境评价体系和评价模型,描述江苏中小企业的生态环境变化和预测未来走势,以期全面、准确地评价江苏省中小企业的经营和发展状况。

江苏中小企业生态环境研究体系包括:中小企业景气指数模型、调查指标与数据收集、景气指数计算与数据分析、生态环境评价模型及生态环境评价报告、政府服务体系创新研究报告等,如图 3-1。

江苏中小企业生态环境评价体系针对江苏的制造业和服务业中的中小企业生态环境,围绕生产、市场、金融、政策四大生态条件及八个维度(图 1-1 和图 3-4)展开研究和评价,尽可能全面、综合地反映江苏省中小企业的运行状况,详见 3.2、3.3 节。

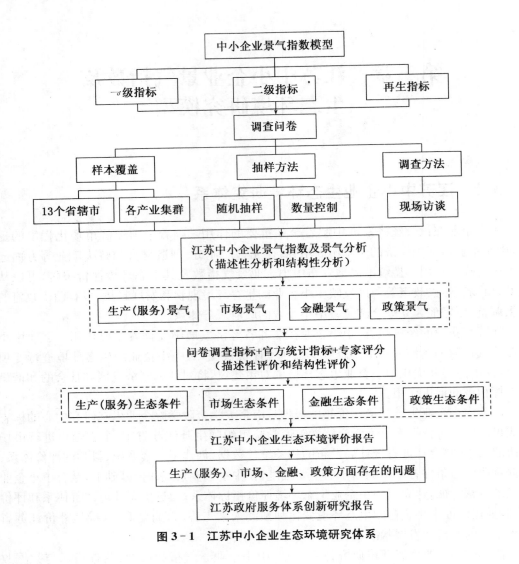

图3-1 江苏中小企业生态环境研究体系

3.2 江苏中小企业景气指数模型

江苏中小企业景气指数由南京大学金陵学院企业生态研究中心(以下简称研究中心)推出,于每年10月定期发布。研究中心根据中小企业高层管理人员对调研问卷的回答,按照拟定的中小企业景气指数评价模型和评价方法编制中小企业景气指数,进行景气分析。调研范围集中在江苏省13市的中小企业(制造业和服务业)"特色产业集群"、"产业园区"和"产业集聚示范区",问卷内容涵盖了中小企业在生产(服务)、市场、金融和政策四个方面和八个维度的诸多相关问题,

"江苏中小企业景气指数"反映了江苏省中小企业的经营者对过去和未来6个月经营、发展情况的整体评价,包括总指数、行业指数、地区指数、城市指数等,各分项指数都由

相关的经济指标组合而成,以蓝灯区、绿灯区、黄灯区、红灯区、双红灯区直观反映江苏中小企业的运行状况。

江苏省中小企业景气指数在体系建立、指标设计、抽样方法等方面与现行国家统计局的经济景气指数有相似之处,行业、地址、企业划分等均采用统计局现行的编码规则与统计口径。但江苏中小企业景气指数更侧重于江苏13市中小企业的生产(服务)、市场、金融、政策四方面现实情况的调研、编制和预报,样本侧重于规模以下企业,这是与国家统计局企业景气指数的主要区别。

3.2.1　江苏中小企业景气指数计算方法

江苏省中小企业景气指数显示了中小企业的经营者对过去6个月和未来6个月经营和发展情况的评价。评价采取5级赋值评分制,即"增加"、"稍增加"、"持平"、"稍减少"、"减少",或"上升"、"稍上升"、"持平"、"稍下降"、"下降"等。以ω_j、μ_j分别表示企业负责人对本企业即期和未来综合经营状况的评价,则:

$$X_{t-6} = \frac{(\omega_5 \sum_{i=1}^{n_5} E_i + \omega_4 \sum_{i=1}^{n_4} E_i - \omega_2 \sum_{i=1}^{n_2} E_i - \omega_1 \sum_{i=1}^{n_1} E_i) \times 100}{\sum_{j=1}^{5} \omega_j \sum_{i=1}^{n_j} E_i} + 100 \qquad (3-1)$$

式中:X_{t-6}为企业负责人对过去6个月本企业综合经营状况评价的景气指数,也称为即期企业景气指数;ω_i为企业负责人对过去6个月本企业综合经营状况的评价;E_i为评价的次数。

$$X_{t+6} = \frac{(\mu_5 \sum_{i=1}^{n_5} E_i + \mu_4 \sum_{i=1}^{n_4} E_i - \mu_2 \sum_{i=1}^{n_2} E_i - \mu_1 \sum_{i=1}^{n_1} E_i) \times 100}{\sum_{j=1}^{5} \mu_j \sum_{i=1}^{n_j} E_i} + 100 \qquad (3-2)$$

式中:X_{t+6}为企业负责人对将来6个月本企业综合经营状况评价的景气指数,也称为预期企业景气指数;μ_i为企业负责人对将来6个月本企业综合经营状况的评价;E_i为回答的次数。

则有:

企业景气指数=0.4×X_{t-6}+0.6×X_{t+6}(对过去6个月评价的权重占40%,对未来6个月评价的权重占60%)。

3.2.2　江苏中小企业景气指数等级的设定

南京大学金陵学院企业生态研究中心将景气指数分为5个等级,突出景气指数的方向性,即更关注和监测中小企业景气指数下行的态势,特设预警、报警和加急报警,见表3-1。

景气指数在90～150区间为绿灯区,景气指数在150～200区间为蓝灯区,表明企业景气未发生明显的负面变化,或景气状况平稳、较好或很好;景气指数在50～90区间为黄灯区,表明企业景气出现问题或较严重的问题,须启动预警;景气指数下行到20～50区间,即红灯区,表明景气恶化,须立即启动报警;景气指数暴跌到0～20区间,即双红灯区时,可能甚至已经爆发危机,须加急报警。

表 3-1 景气指数等级构成及说明

指数区间	颜色	状态预报
150~200	蓝灯区	景气状况较好或很好
90~150	绿灯区	景气状况平稳或较好
50~90	黄灯区	预警
20~50	红灯区	报警
0~20	双红灯区	加急报警

注:2014 年是景气指数编制发布的基期,在总体评价的状态预报时不宜做定性评价,只公布指数所在区间。2015 年及以后的景气指数编制和评价时,将与上一年的指数比较后做出定性评价。

3.2.3 调查样本分布与数据检验

2010 年,江苏省政府出台《关于进一步促进中小企业发展的实施意见》,从省级层面对中小企业集聚发展进行总体部署,加快培育一批省级中小企业产业集聚示范区,支持重点特色产业基地和产业集群,提高特色产业比重,壮大龙头骨干企业,延长产业链,提高专业化协作水平,实现资源节约和共享的集群化发展。目前,江苏省已经认定的省级特色产业集群和中小企业产业集聚区达到 100 余个。2014 年江苏 13 市的调查问卷,主要分布在这些中小企业集聚区的制造业,并以简单随机抽样方法抽取样本。

2014 年的问卷调查时点为 2014 年 7 月至 8 月,得到有效问卷 3 500 份。对收回的问卷采用 Alpha 信度系数法进行检验,总样本的 Cronbach's Alpha=0.899,即期样本的 Cronbach's Alpha=0.822,预期样本的 Cronbach's Alpha=0.817,检验说明调查问卷具有较高的可靠性和有效性,符合量表的一贯性、一致性、再现性和稳定性要求。

回收的调查问卷显示,样本企业中,企业平均资产总额约 3 230 万元,平均主营业务收入约 3 010 万元,平均从业人员数量约 120 人。其中,从业人员不足 100 人的企业占比达 68%,近 30%的企业人数在 20 人以下。

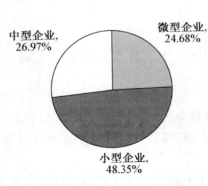

图 3-2 样本企业规模构成

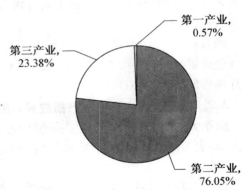

图 3-3 样本企业产业构成

从样本企业规模的构成看(图 3-2),中型企业 946 家,占 26.97%;小型企业 1 696 家,占比近一半,达到 48.35%;微型企业 866 家,约占 24.68%。中、微型企业各占约 1/4。

从样本企业的产业构成看(图3-3、表3-2),从事第一产业的企业占比只有0.57%;第二产业2 647家,占比略高于3/4,达到76.05%;第三产业814家,占比23.38%。

表3-2　问卷调查样本的中小微企业及三次产业构成

	中型企业	小型企业	微型企业	总计(占比)
第一产业	13	4	3	20(0.57%)
第二产业	743	1 322	582	2 647(76.05%)
第三产业	180	356	278	814(23.38%)
合计	946	1 696	866	3 508(100%)

将本次问卷调查样本数据与2014年江苏统计年鉴、江苏省第三次全国经济普查主要数据公报的数据相比较(表3-3),可以发现,在样本数据(各次产业样本占比)上存在一定差异:除一产可以不比较外,官方数据中二产样本占比为37.5%,而问卷调查二产样本的占比为76.05%;官方数据中三产样本占比为62.5%,而问卷调查三产的样本占比为23.38%。

显然,从产业构成看,问卷调查样本中二产的占比明显高于官方统计二产样本的占比(76.05%>37.5%),问卷调查样本中三产占比明显低于官方统计三产样本的占比(23.38%<62.5%)。问卷调查样本中二产占比高和三产占比低,是本次问卷调查主要以江苏已经形成的100余个中小企业产业集群、特色产业园区为主要调研对象,侧重于制造业中的中、小、微企业的调研所致。

表3-3　官方统计的样本数据与本次问卷调查样本数据的比较

	单位	合计	第一产业		第二产业		第三产业	
			数量	%	数量	%	数量	%
地区生产总值	亿元	59 161.8	3 646.1	6.1	29 094.0	49.2	26 421.7	44.7
企业数量	万个	104.9	—	—	39.32	37.5	65.58	62.5
问卷调查样本	个	3 481	20	0.57	2647	76.05	814	23.38

数据来源:《江苏省统计年鉴(2014)》;《江苏省第三次全国经济普查主要数据公报》;本次问卷调查的统计数据

从表3-4还可以看到,问卷调查样本不但在二产、三产的占比上与官方统计存在差异,而且在产业内各行业的样本占比上也有明显差异(除邮政业和住宿业)。为更加准确反映江苏的产业结构和经济发展状况,研究中心将在2015年以及以后的问卷调查中,降低二产的样本数,加大三产的样本数,同时加大"批发业"、"租赁和商务服务业"、"建筑业"和"其他未列明行业"(金融、科研、教育、文化、卫生等行业)样本的比重[①],以保证问卷调查样本的产业构成和行业构成与江苏省实际的产业构成及行业构成保持较高的一致性。

---

① 因为文化产业、现代服务业中,中小企业数量占比正在迅速增加。

表3-4　江苏省小微企业与调查样本企业按行业划分的数量和比重

行业	第三次经济普查数据		调查样本	
	企业法人单位 (万个)	比重 (%)	企业数 (个)	比重 (%)
合计	**87.8**	**100.00%**	**2 562**	**100.00%**
农、林、牧、渔业	0.2	0.23%	7	0.27%
工业	34.2	38.95%	1 845	72.01%
建筑业	4	4.56%	59	2.30%
交通运输业	2.3	2.62%	26	1.01%
仓储业	0.2	0.23%	0	0.00%
邮政业	0.1	0.11%	4	0.16%
信息传输业	0.4	0.46%	5	0.20%
软件和信息技术服务业	1.7	1.94%	35	1.37%
批发业	21.3	24.26%	168	6.56%
零售业	7.6	8.66%	180	7.03%
住宿业	0.3	0.34%	8	0.31%
餐饮业	0.7	0.80%	42	1.64%
房地产开发经营	0.6	0.68%	11	0.43%
物业管理	0.9	1.03%	2	0.08%
租赁和商务服务业	6.8	7.74%	40	1.56%
其他未列明行业	6.4	7.29%	130	5.07%

数据来源:《江苏省第三次全国经济普查主要数据公报》;本次问卷调查样本统计数据

3.3　江苏中小企业生态环境评价体系及指标构成

在我国目前经济结构中,中小企业成为重要的经济力量。他们市场化程度高、适应性强、覆盖面广,从生产(服务)经营、产品和服务销售、市场开拓到融资发展等方面都表现出高度的自适应性和灵活性;从企业属性看,中小企业的产业关联强,常常与其他企业一起构成产业链,显然中小企业集群或产业园区等在推动产业关联发展方面成效显著。为此,政府希望通过相关政策加强产业集聚,促进产业结构升级优化,扶持中小企业发展。

在指标体系的设置方面,研究中心针对两个重要问题做出相应的解决方案:(1) 与官方标准的一致性。评价体系要兼顾国家统计局现行统计标准和行业分类方法,并与相关统计标准和统计规则保持一致,以利于统计数据的引用和统计指标的对比分析,力求在更大范围内提升各指标的参考价值、研究价值和应用价值;(2) 研究中心的问卷样本数据针对的是中小企业(大多为内源性生态条件影响因子),还需要一些行业(产业)数据因素甚至更宏观的经济数据(外源性生态条件影响因子)做补充,这意味着在中小企业生态环境评价中,综合统计局规模以上企业统计数据十分必要。为此,研究中心采用专家评估和打分来确定指标权重的方法,将两种数据整合,以期真实全面地反映中小企业的生态环境。

研究中心采用的中小企业划分,依据国家工业和信息化部、国家统计局、国家发展和改革委员会、财政部《关于印发中小企业划型标准规定的通知》(工信部联企业〔2011〕300号),和国家统计局制定的《统计上大中小型企业划分办法》(参见附录4和附录5)。按现行国家标准,中小企业划分为中型、小型、微型三种类型。

如前论述,江苏省中小企业生态环境评价由四个生态条件(八个维度)构成(图3-4)。根据江苏省经济社会发展状况、地域经济特征和中小企业运营特点,形成中小企业生态环境综合评价指标体系。

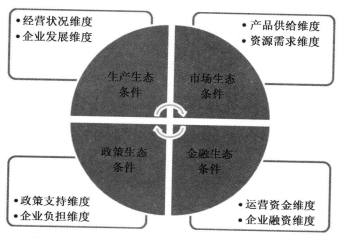

图3-4 江苏省中小企业生态环境评价体系的构成

综合评价体系包括4个生态条件指数和8个维度指数,共62个生态条件影响因子指标构成。其中38.7%的指标选取江苏省统计年鉴的数据,61.3%的指标来自研究中心的问卷调查数据(见表3-5)。这种指标合成评价方法,可以通过定性与定量相结合的方式,准确地反映内生性因素和外源性因素对中小企业生态环境的影响。

江苏中小企业生态环境评价以问卷调查数据和统计年鉴数据为基础。为方便建立两者间的比较关系,对问卷调查数据采取景气指数的计算方法进行计算,对一些更重要但不具可比性的数据,采用比重指标进行处理。比如,将企业所得税指标转化为用当地企业所得税除以当地GDP,以消除地区规模差异的影响;对统计年鉴数据,采用专家评估和打分来确定指标权重的方法进行处理。

根据各生态条件影响因子的资源禀赋特征,以及专家组评估打分的结果,给62个生态条件影响因子设置不同的权重,并将相应的问卷调查指标和统计年鉴数据汇总,得到8个维度评价的分数。根据这8个维度的得分,可以进行排序和维度的内涵分析,对江苏省的13个城市中小企业8个维度的生态条件进行评价;将这8个维度汇总,可以对生产(服务)生态条件、市场生态条件、金融生态条件、政策生态条件进行评价;再将这4个二级指标合成,得到综合的中小企业生态环境的评价,即形成对13个城市中小企业生态环境的整体评价,见表3-5。

表 3-5　江苏省中小企业生态环境评价指标构成

生态条件指标	维度指数	生态条件影响因子	
		问卷调查指标	统计年鉴数据
生产（服务）生态条件	经营状况维度	企业综合生产（服务）经营状况、生产（服务）总量、经营（服务）成本、产能利用、营业收入、盈利（亏损）变化、产成品库存、劳动力需求与人工成本、固定资产投资、新产品开发等	规模以上中小企业工业总产值、批发和零售业总额、住宿和餐饮业总额、专利授权数量、私营个体经济固定资产投资等
	企业发展维度		
市场生态条件	产品供给维度	新签销售合同、产品（服务）销售范围、产品或服务销售价格、营销费用、产成品库存、原材料及能源购进价格、劳动力需求与成本、融资需求与成本等	全社会用电量，亿元以上商品交易市场商品成交额，规模以上工业企业产品销售率、总资产贡献率、负债率，私营个体企业户数等
	资源需求维度		
金融生态条件	运营资金维度	应收款、流动资金、融资需求、融资可获性、融资成本、融资渠道、投资计划等	规模以上工业企业流动资产、应收账款、单位经营贷款与存款余额、票据融资，年末金融机构贷款余额等
	企业融资维度		
政策生态条件	政策支持维度	融资优惠、税收优惠、税收负担、行政收费、专项补贴、政府效率、人工成本等	一般公共服务、社会保障和就业财政预算支出、企业所得税、行政事业性收费收入占 GDP 比重、从业人数、城镇居民可支配收入等
	企业负担维度		

表中前 7 个维度指标都为正向指标，得分越高表明情况越好；而"企业负担维度"为负向指标，得分越高，表明企业的负担越轻。

3.4　江苏中小企业生态环境评价模型

如前所述，中小企业生态环境评价模型由生产、市场、金融、政策 4 个生态条件指标组成，再由这 4 个生态条件指标分解出 8 个维度指标（见图 3-4），以利于从更加细分的层面上对中小企业的生态环境进行深度评价。针对 8 个维度共 62 个生态条件影响因子（问卷调查指标和统计年鉴指标），采用专家评分法确定其权重，然后运用加权组合的方式构建评价模型。

同时，在进行评价之前，采用极差标准化方法，对指标进行无量纲化处理，即对数据进行标准化处理，以增强各经济要素之间的可比性。

3.4.1　数据标准化

对序列 $x_{ij}(i=1,2,\cdots,13, j=1,2,3,\cdots,62)$，采用极差标准化方法对数据进行标准化处理，正向指标和负向指标的处理公式分别如下：

$$y_{ij} = \frac{x_{ij} - \min_{1 \leqslant i \leqslant 13}\{x_{ij}\}}{\max_{1 \leqslant i \leqslant 13}\{x_{ij}\} - \min_{1 \leqslant i \leqslant 13}\{x_{ij}\}} \qquad (3-3)$$

$$y_{ij} = \frac{\max\limits_{1 \leqslant i \leqslant 13} \{x_{ij}\} - x_{ij}}{\max\limits_{1 \leqslant i \leqslant 13} \{x_{ij}\} - \min\limits_{1 \leqslant i \leqslant 13} \{x_{ij}\}} \qquad (3-4)$$

式中:i 表示江苏省的 13 个省辖市;j 表示评价体系的 62 个生态条件影响因子。

得到转换后的矩阵 $\mathbf{Y} = (y_{ij})_{13 \times 62}$,这里 $y_{ij} \in [0, 1]$。

3.4.2　评价指标权重设定及评价模型的创建

评价指标的权重是一个相对概念,某一指标的权重反映了该指标在整体评价中的相对重要程度,重要程度越高,则权重越大。权重的设置是专家们根据研究内容以及指标在整体经济运行中的重要性而定的,并根据需要进行适当调整,一组评价指标体系相对应的权重组成了权重体系。

本项研究是针对江苏省中小企业进行的。在指标设置时,与中小企业经营相关性较大的指标,就赋予较高的权重;而与整体经济环境(外源性)相关,对中小企业影响相对较小的指标,则赋予稍低的权重。具体操作中,由多位专家针对问卷调查指标和统计年鉴指标,对各维度影响因子的权重进行打分后得到平均值 W_j。

8 个维度的权重均为 10 分,专家根据维度内的三级指标(生态条件影响因子)的特征及重要性,设置不同的权重。以等权的方式设置各维度指标,可以在维度之间建立可比关系。由此得到:

$$M_{ij} = \sum_{j=1}^{62} \sum_{i=1}^{13} W_j \cdot Y_{ij} \qquad (3-5)$$

还可以根据中小企业评价系统中的 4 个生态条件指标、8 个维度指标和 62 个生态条件影响因子,建立如下关系模型:

$$F_{\text{sum}} = \sum_{\text{env}=1}^{4} W_{\text{env}} \cdot Y_{\text{env}} = \sum_{\text{dim}=1}^{8} W_{\text{dim}} \cdot Y_{\text{dim}} = \sum_{\text{key}=1}^{62} W_{\text{key}} \cdot Y_{\text{key}} \qquad (3-6)$$

式中:F_{sum} 表示江苏省中小企业生态环境指数;W_{env} 表示 4 个生态条件指数各自的权重;Y_{env} 表示 4 个生态条件指数具体的数值;W_{dim} 表示 8 个维度指数各自的权重;Y_{dim} 表示 8 个维度指数具体的数值;W_{key} 表示 62 个生态条件影响因子各自的权重;Y_{key} 表示 62 个生态条件影响因子具体的数值。

第四章　2014 年江苏中小企业景气指数

4.1　综合评价及二级指标分析

测算数据显示,2014 年度江苏中小企业景气指数为 107.2,江苏省中小企业的整体运行态势位于绿灯区。图 4-1 显示,样本企业经营者对整体经济环境评价为乐观的占 7.8%,较乐观的占 22.9%,两者之和为 30.7%;评价一般的占 45.1%;给予"不乐观"、"较不乐观"等负面评价的占 24.2%;"一般"以上的评价占 75.8%。

在 4 项二级景气指数中市场景气指数最高,达到 109.4,高于全省总指数。

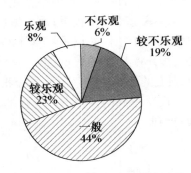

图 4-1　江苏中小企业景气整体评价

生产、金融景气指数也都高于 100,显示出较为积极的景气状态,在绿灯区运行。但政策景气指数则略显悲观,低于 90(88.9),处于黄灯区,反映出中小企业的管理者对目前的政策环境的满意度较低,或者期待更加积极的政策环境。

"生产"、"市场"、"金融"、"政策"4 个景气指数都是组合指标,分别由问卷上的多个经济指标组合而成。表 4-1 和图 4-2 显示,从数值来看,"市场景气指数"相对稍高,其他 3 个指数都低于总指数。

表 4-1　江苏省中小企业景气指数

指标　　　　　景气指数	全省
总指数	107.2
生产景气指数	103.9
市场景气指数	109.4
金融景气指数	100.3
政策景气指数	88.9

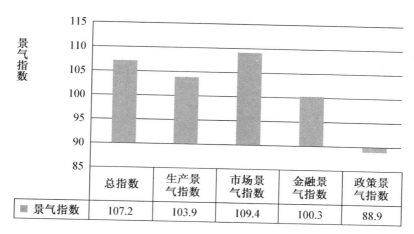

景气指数	总指数	生产景气指数	市场景气指数	金融景气指数	政策景气指数
景气指数	107.2	103.9	109.4	100.3	88.9

图 4-2　江苏省中小企业景气指数

应引起高度关注的是,政策景气指数只有 88.9,低于 90 的等级分界线,处于黄灯区(预警区间),需启动预警。

从 2014 年江苏中小企业调查问卷中的 2 个综合评价指标看,"本行业总体运营状况"景气指数高达 129.3,"企业综合生产经营状况"景气指数高达 122.7。这 2 个单项指标景气指数几乎比综合指标高出近 20 个点,表明大多江苏中小企业经营者在评价江苏本行业现状和企业经营前景时较为乐观(图 4-3 和图 4-4)。针对"本行业总体运营状况"和"企业综合生产经营状况",有 80% 以上的中小企业经营者给出了"一般"以上的评价;选择"乐观"、"较乐观"评价的比例都在 40% 以上,而"不乐观"、"欠佳"的评价不足 20%。

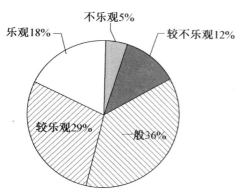

图 4-3　对本行业总体运行状况的评价

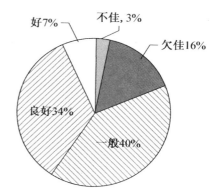

图 4-4　对企业综合生产经营状况的评价

进一步分析发现,"本行业总体运营状况"与"企业综合生产经营状况"这 2 个主观判断问题存在着中度正相关性(附录 1、附录 2),并且与"生产总量"、"盈利(亏损)变化"、"新签销售合同"、"实际产品销售"调查指标也存在中度正相关性。说明中小企业经营者在生产总量、盈亏变化、新签销售合同和实际产品销售方面的感受对"本行业总体运营状况"和"企业生产经营状况"的评价影响较大。

同时还发现,"本行业总体运营状况"与"企业综合生产经营状况"这 2 个景气指数均高于总景气指数,表明多数中小企业对整体经济走势持较乐观的心态。但面对与企业经营直接相关的一些管理类和政策类问题时,一些中小企业经营者显现出程度不同的困惑和不满,给出不大乐观的评价。比如,"本行业总体运营状况"和"企业综合生产经营状况"两个问题分别与"主要原材料及能源供应"、"固定资产投资计划"、"新产品开发"三个问题的判断仅存在着微弱的正相关性,而与"税收负担"、"行政收费"两个问题存在着微弱的负相关性。

除市场景气指数外,其余3个二级指标景气度都较低,尤其是政策景气指数落到了90之下(表4-1)。这表明,相对而言,中小企业对政府的政策扶植力度和服务效率评价不甚满意。

4.1.1 江苏中小企业生产景气分析

与全国一样,江苏多数中小企业还处于创业期和成长期,规模小、生产经营粗放是这个阶段的共同特征。在本次调查样本中,70%以上的企业规模在100人以下,小、微企业特征明显。

"生产景气指数"是一个与企业内部经营、管理密切相关的指标,可以从"经营状况"、"企业发展"2个维度反映中小企业内部管理与企业发展的状况,包含生产能力过剩、生产成本、盈亏变化、产成品库存、技术水平、流动资金及劳动力需求、人工成本、投资计划等问卷调查指标。

2014年江苏中小企业"生产景气指数"为103.9,低于总指数(107.2),见表4-2。

从区域比较看,苏南的总指数108.8,生产景气指数106.2;苏中总指数110.3,生产景气指数105.2;苏北总指数103.8,生产景气指数101.8。可以看出,苏南的生产景气指数稍高一些,苏中次之,苏北较低。

表4-2 2014年江苏中小企业生产景气指数

地区 \ 指标	总指数	生产景气指数
全省	107.2	103.9
苏南	108.8	106.2
苏中	110.3	105.2
苏北	103.8	101.8

本次调查显示,经济整体实力较强的苏南地区"生产景气指数"稍高于经济发展速度较快的苏中、苏北地区。苏南地区在生产成本控制、产能利用、产成品库存、技术水平、应收款、投资计划等方面的景气指数稍高;苏中地区在生产总量、盈利能力、原材料及能源供应方面的景气指数稍高;苏北地区则在人工成本方面占优。

本次调查显示,苏北地区人工成本的景气指数处在较乐观状态,比苏南和苏中地区高出很多,人工成本的优势也比较明显;但在劳动力需求方面的景气指数却最低,其他影响生产景气的指标都弱于苏南、苏中地区。

同时,"生产总量"、"盈亏变化"等与生产相关的景气指数都高于100,表明江苏省多数中小企业的经营状况比较稳定,经营者较为乐观。其中,苏南、苏中比苏北更加明显,显示苏南、苏中地区的经济增长势头较为强劲。这与"本行业总体运行状况"的高评价有一定相关性。

控制成本是中小企业必须面对的问题。调查中发现,在对"生产成本"的评价中,上半年的景气指数小于100,但下半年的预期高于100,上半年与下半年的指数发生逆转是一个颇为积极的信号,说明大多中小企业经营者对下半年经济运行的信心增强了(附录1、附录2)。

调查显示,江苏中小企业生产过剩问题较为突出。"产能过剩"、"产成品库存"等指标的景气指数都仅略高于100;"产成品库存"的下半年预期略有下降;在控制生产过剩方面,各地区并无明显的差异。相关数据并未发现"生产过剩"与企业生产、营销、融资、利润等指标之间有明显的相关性(见附录1、附录2)。

值得注意的是,"主要原材料及能源购进价格"的景气指数只有90.5,而且数据显示下半年的情况可能会更差,这可能是因为宏观经济仍在下行的原因。

人力资源问题可以说是企业经营管理中最基本的问题。调查发现,对于"劳动力需求",各地区几乎一致地选择了需求增加的预期。江苏13个城市中,仅宿迁市的劳动力需求景气指数低于100,其他城市均高于100,淮安、连云港这2个位于苏北的城市,对于劳动力需求的景气指数甚至高过120。而在"人工成本"方面,认为"劳动力需求"会增加的12个城市一致认为"人工成本"会上升,景气指数普遍很低,其中扬州市的"人工成本"景气指数只有47.0。仅有宿迁市认为"劳动力需求"会下降,这也是唯一认为"人工成本"会下降的城市,亦是唯一一个"人工成本"景气指数超过100的城市。

结合区域经济发展情况,我们可以得出如下结论:劳动力需求情况与地区经济的发展水平相关,但更多地与经济总量相关,而与经济增速关系较弱。整体经济发展水平能够引发更多的就业需求,中小企业的发展能够提供更多的就业机会,这种相关性比较明显。而区域经济的增速有时来自于重点项目的推进,特别在现代经济结构中,大型项目的经济贡献明显,但在解决就业方面却并不显著。

"投资计划"是与企业发展直接相关的指标。我们高兴地看到,中小企业在关系企业发展问题上都表现出较为积极的态度,这个指标的景气度较高,并与企业综合生产经营状况低度相关,说明大多数中小企业经营者认为增加投资、扩大新产品开发会使企业经营状况更好。有些区域的企业对下半年新产品开发持有乐观预期,呈现出比上半年增加或持平的趋势。同时,有12个城市的固定资产投资景气指数大于100,只有宿迁小于100,这与人力资源的指标呈高度相似性。相关数据显示,"投资计划"与"企业综合生产经营状况"、"新产品开发"、"劳动力需求"之间低度正相关(见附录1、附录2)。

4.1.2　江苏中小企业市场景气分析

"市场景气指数"由营销费用、新签销售合同、产成品库存、应收款、产品销售价格、主要原材料及能源购进价格、人工成本等指标构成。

2014年江苏中小企业"市场景气指数"为109.4,高于总指数,也是4个二级景气指数中最高的(表4-3)。从市场景气指数的地区排序看,苏南最高,苏中次之,苏北最低,说明苏南、苏中的市场环境稍好于苏北,整体结构特征与总指数相似。

表4-3　江苏省区域中小企业市场景气指数

地区	总指数	市场景气指数
全省	107.2	109.4
苏南	108.8	110.4
苏中	110.3	113.3
苏北	103.8	104.4

　　苏南地区中小企业营销类景气度较高，新签销售合同、实际产品销售、产品销售价格等营销类指标的景气指数弱于苏中，但"销售费用"的景气指数却稍高于苏中地区；主要原材料及能源的购进价格景气指数为三地区最高，但供应情况却弱于苏中地区。结合融资需求、融资成本等指标分析，苏南地区的市场景气较平稳。

　　苏中地区"市场景气指数"稍高于苏南，比苏北地区高出9个点。进一步分析，苏中地区中小企业在产成品库存、原材料及能源采购价格方面的景气指数稍低，但融资需求高于苏南、苏北地区，融资成本景气指数却低于苏南和苏北两地区，表明苏中地区融资需求和融资成本较高，存在较大的融资风险隐患。苏中地区在劳动力需求上的景气指数为三个地区最高的，而在人工成本上则是最低的。

　　苏北地区在营销、材料采购等方面的景气指数都弱于苏南、苏中地区，但在融资、劳动力供需、人工成本方面有一定的优势。

　　上述分析表明，虽然时常听到中小企业经营者抱怨营销环境差、订单量下降、恶性竞争导致销售价格下降、利润下降等，但从调查结果看，营销类景气状况还没有出现明显恶化的征兆，说明整个营销环境尚可。而"新签销售合同"的景气度较高，意味着多数中小企业有较好的市场前景预期，预计下半年销售情况可能会好于上半年。同时，还预期"营销费用"处在较缓慢的上升状态，预计下半年走势稍弱于上半年。数据还显示，"新签销售合同"、"实际产品销售"与"本行业总体运行情况"、"企业综合生产经营状况"之间存在着中度正相关性，这说明在江苏的中小企业中，营销推动仍是企业重要的经营策略。

　　从附录1、附录2可以看出，"实际产品销售"与"新签销售合同"的即期数据之间存在着明显的正相关关系，相关系数达0.676，与"生产总量"、"盈利（亏损）变化"也有较高的相关性；销售类指标也都与企业的整体经营状况保持着较高的相关性。可见，中小企业的销售能力直接关系到整个企业的生存状态。

　　对于大多数中小企业而言，他们在技术、资本、规模、品牌等方面都没有多少优势，降低生产成本常常是他们增加收益的重要途径，其经营利润主要来自于成本控制。因此，他们对"原材料及能源的购进价格"、"人工成本"、"融资成本"等表现得较为敏感，这类成本稍有上升，就会直接影响到他们的经营收益。当这类成本不断地上升，以致利润越来越低时，景气预期会更加负面，以致这类指标的景气度大多小于90，处于不景气状态。

　　特别需要注意的是，"人工成本"几乎是2014年度调查中景气度最低的指标，也是导致相关的二级指标普遍较低的主要原因。结合现场访谈，我们发现在工资、福利、社会保险等因素的共同推动下，近年来人工成本大幅度上升，几年时间几乎翻倍，在纺织、服装、建筑、餐饮等劳动密集行业更加明显。即使那些想将生产线转移到东南亚的纺织、服装类企业,也面临同样的困境。从统计数据看,2014 年上半年江苏省居民的工资性收入累计增长达到 10.4%,高于同期地区生产总值增长约 1.5 个百分点,这可能是中小企业经营者觉得人工成本增长过快的另一个表现。从图 4-5 可以看出,有近 50% 的企业经营者对"人工成本"给出了"增加"性的评价,给予"减少"性评价的仅 16%。相关分析发现,"人工成本"与生产、营销、融资、利润等指标之间几乎不存在相关性。

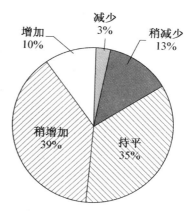

图 4-5　中小企业经营者对"人工成本"的评价

　　相对而言,苏中地区人工成本的景气指数最低,苏北地区最高。可见苏北地区依然保持着人工成本方面的相对优势,苏北的中小企业经营者虽然也觉得人工成本上升过快,但相对好于苏南和苏中。苏北 5 市中,问卷调查数据和统计数据都显示徐州市中小企业的人工成本上升得最快。

4.1.3　江苏中小企业金融景气分析

　　在我国,中小企业融资问题是一个已经上升到国家层面的难题,政府力图通过各种金融扶持政策,营造适于中小企业生存、发展的环境。本次调研也将江苏中小企业的融资问题作为研究的重点。

　　2014 年江苏省中小企业"金融景气指数"为 100.3,低于总指数(表 4-4)。其中,仅苏南略高一些(103.7),表明江苏中小企业金融环境不容乐观。

表 4-4　江苏省中小企业金融景气指数

地区　　　　　　指标	总指数	金融景气指数
全省	107.2	100.3
苏南	108.8	103.7
苏中	110.3	103.5
苏北	103.8	100.1

　　"金融景气指数"不仅有"融资成本"、"获得融资(的难易程度)"2 个与获得融资直接相关的指标,也包含了产成品库存、应收货款、流动资金等企业资金流动性问题,还包含了融资需求、投资计划等有关企业发展的问题。可以说"金融景气指数"并不是一个单纯判断是否"融资难、融资贵"的问题,而是从企业经营发展的角度来综合评估企业的金融环境,以及融资在企业发展进程中所起的作用。对于许多还处于发展初期的中小企业,能够获得一定的资金支持,如引导资金、优惠信贷等,将有助于这些企业快速发展。但如何扶持、从哪些方面扶持,则是一个关系到政策有效性的问题。

　　总体而言,苏南、苏中和苏北三地区一致性地表现出较高的融资需求。其中,苏南、苏中地区对固定资产投资表现出更高的期望,苏北地区景气指数相对较低。苏中地区获得融资的景气指数较低,"融资成本"的景气度是三个地区最低的,表明苏中地区融资成本要高于苏南、苏北地区;苏南地区"获得融资"、"融资成本"的景气指数最高。值得关注的是,苏北地区"融资成本"景气度偏低,结合该地区"投资计划"需求较低、生产性指标数据也不高的情况,意味着该地区存在一定的金融风险隐患。

相关分析没有显示出在"融资需求"、"获得融资"、"融资成本"3 个指标之间存在着明显的相关性,也没有显示这 3 个指标与生产、营销、利润等其他指标之间存在关联关系。这是否表明在目前江苏的经济结构中,中小企业的发展与融资的关联性并不强?是中小企业没有能够得到足以扩大经营所需要的融资,是中小企业"富即安"的心态,不去通过融资寻求更大的发展,还是中小企业对借贷存在偏见与畏惧?这些问题有待进一步探究。

"应收货款"是企业经营管理中非常重要的一个问题。因为对于中小企业而言,这是企业资金流动性的主要来源,是一个涉及企业生存和发展的大问题,是企业经营中必须解决的问题。合理的应收货款规模有助于提升企业的经营能力、盈利能力。目前,应收货款问题在国内一些地区已经发展成为区域性的金融问题。在我们的调查中,这个问题在江苏似乎没有想象中的严重,景气指数虽低于 100,但三个地区对此问题的评价没有明显的差异;相关分析也没有发现"应收货款"与企业的盈亏、营销、资金流动性等指标有明显关系,说明江苏还没有出现系统性的、由应收货款而引发的金融问题。与历年同期的统计数据相比,自 2010 年开始,江苏省的应收账款净额的增长率由 25%,下降至目前 10%左右的水平,这一下降趋势可能有助于说明,江苏中小企业的应收货款问题并不那么严峻的原因。

流动性指标反映出目前江苏省中小企业确实面临着流动资金不足的问题,应收货款固然占用了企业的部分流动资金,而流动资金不足也是这些企业需要共同面对的。苏南、苏中地区对流动资金的评估处于景气状态,景气指数高于 100。但苏北地区这 2 个指标的景气度都稍低。相关分析显示,中小企业在"流动资金"与"企业综合生产经营状况"之间存在着接近中度的相关关系,但"应收货款"与"企业综合生产经营状况"之间无明显的相关性。

本次调查中,有 5.5%的微型制造业、服务类企业没有融资方面的需求。但更多的企业仍然对融资表现出了高度的关注。约 80%的企业管理者认为他们获得资金的成本在30%以下,有约 1/4 的管理者认为他们获得资金的成本在 10%以下,这表明过高的资金成本问题并不在江苏各地广泛存在。但大多企业经营管理者认为获得融资的难度较大,并认为这一状况在下半年仍会持续。

调查中发现了一个值得深究的问题:在苏北的一些区域,投资计划、新产品开发、营销、生产类的指标都没有反映出这些地区存在着积极的生产、发展需求。但中小企业经营者普遍反映融资成本高,在这些产业基础并不雄厚的区域出现了偏高的融资成本,那么,这些资金的盈利点在哪里?从数值上看,这些区域的融资成本已经超过了无锡、苏州这些经济基础较好的区域。那么这些高成本的资金通过何种方式回报?这些地区是否出现了融资非产业化(实体经济虚拟化)现象?是否会发展成为系统性的融资风险?

在"融资需求"、"投资计划"方面,江苏各地区的表现都较为积极,景气度高于其他的融资类指标,说明尽管融资难问题突出,但江苏的中小企业仍在积极面对融资问题,力求更多的发展机会。

4.1.4　江苏中小企业政策景气分析

提到中小企业的政策环境时,人们很自然会将其与税收负担、行政收费等政策联系起来,诸多原因加深了企业与政府之间的不信任感。实际上,政府可以在营造一个适于中小企业生存发展的环境方面有更大的作为。

2014 年江苏省中小企业"政策景气指数"为 88.9,成为唯一的一项低于临界点(落入黄灯区)的二级景气指数,凸显大多数中小企业经营管理者对政府的政策扶持力度不大满意,对政策环境给予较为负面的评价(表 4-5)。由于这一指数落到了黄灯区,则启动预警。

值得注意的是,苏南、苏中地区的景气评价首次低于苏北地区(102.8)。这是经济较发达地区的政策环境反而有恶化的态势,或是政策环境正在成为较发达地区经济继续发展的障碍? 还有待进一步研究。

"政策景气指数"包含了获得融资、税收负担、行政收费、人工成本等方面的内容。调查显示,虽然 13 个城市的样本对"税收负担"、"行政收费"这 2 个指标的评价不一,但在整体上,2014 年度"税收负担"、"行政收费"的景气指数都不算低,有些市还给出了较积极的评价。进一步分析发现,这 2 个指标与其他指标之间几乎没有明显的相关性,这 2 个指标之间也仅仅是低度相关。也就是说,这次调查还不能说明"税收负担"、"行政收费"影响了生产、营销、金融等关系到中小企业生产和发展的问题。

表 4-5　江苏省中小企业政策景气指数

地区	总指数	政策景气指数
全省	107.6	88.9
苏南	108.8	88.0
苏中	110.3	79.9
苏北	103.8	102.8

本次调查发现,"人工成本"作为政策景气的一项指标,是引起政策景气度低的主要因素。近年来各地区在最低工资标准、员工福利等方面出台了不少政策,在造成员工收入较快增加的同时,也加大了企业负担,对于中小企业而言,这样的负担更加沉重、直接。在指标的设置中,与人工成本相关的一些政策,例如最低工资标准、福利、社会保险等政策,都带有一定的强制性,使人工成本刚性上升的同时,也造成一些地区人工成本过快上涨[①]。

一般而言,经济发展越快的地区,人工成本的影响越显著。本次调查显示,苏南地区的人工成本景气指数只有 70.4;苏中地区为江苏近年经济增长较为显著的地区,其人工成本的景气指数只有 56.1;苏北地区则达到 79.0,可见苏北地区的人工成本具有相对优势,也是政策景气指数相对较高的主要原因。另外,苏北地区的获得融资、税收负担、行政收费等景气度都相对较高,可见,在营造适于中小企业发展的政策环境方面,苏北地区的

---

① 从统计数据看,江苏省 2014 年上半年的工资性收入高于同期整体经济的增长水平。

政策效果更为显著。

4.2　江苏中小企业景气指数的产业结构特征分析

图 4-6 显示,2014 年度调查样本中,第一产业企业样本不足 1%,景气指数为 112.7,在三次产业中最高;第二产业企业样本约占 3/4 稍强,达到 75.55%,景气指数为 107.8,与全省总指数基本持平;第三产业企业样本约占 23.87%,景气指数为 106.2,稍低于全省平均水平。三次产业的运行态势均在绿灯区。

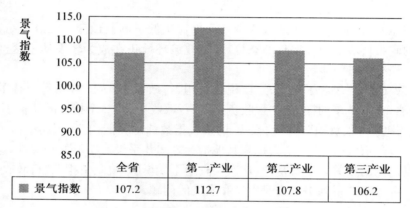

	全省	第一产业	第二产业	第三产业
■ 景气指数	107.2	112.7	107.8	106.2

图 4-6　江苏中小企业的三次产业景气指数

第二产业在本次调查中的样本量最大,很多指标与整体情况较相似。在"本行业总体运营状况"、"企业综合生产经营状况"2 个指标上显示出第二产业的高层管理者对企业的生存和发展较有信心。相比较而言,第二产业在生产总量、盈利预期、营销费用等方面的景气指数稍高于第三产业,在融资需求方面高于第三产业 10 个百分点,但在应收货款、获得融资及融资成本等金融指标方面与第三产业基本持平。可见,第二产业对融资的依赖程度较高。

通常认为第三产业是劳动密集型的产业,劳动力需求大、工资收入偏低是第三产业的特征。但本次调查显示,在劳动力需求方面,第二产业的总体景气指数高于第三产业,但第二产业人工成本的景气度却低于第三产业。第三产业不仅对劳动力的需求高于第二产业,对人工成本的承受能力也弱于第二产业。在投资计划、新产品开发方面,第二产业和第三产业的景气指数基本持平。

4.3　江苏中小企业景气指数的规模特征分析

2014 年度江苏中小企业景气指数为 107.2,中型企业的景气指数为 108.5、小型企业为 107.4、微型企业为 105.5,中、小、微企业的景气指数呈现出阶梯状递减的态势,且差距不大。

表 4 - 6　2014 年江苏中、小、微企业的景气指数

指数 ＼ 企业规模	全省	中型企业	小型企业	微型企业
总指数	**107.2**	**108.5**	**107.4**	**105.5**
生产景气指数	103.9	104.7	103.8	103.4
市场景气指数	109.4	109.8	110.4	106.9
金融景气指数	100.3	102.6	98.8	100.9
政策景气指数	88.9	87.9	88.1	91.7

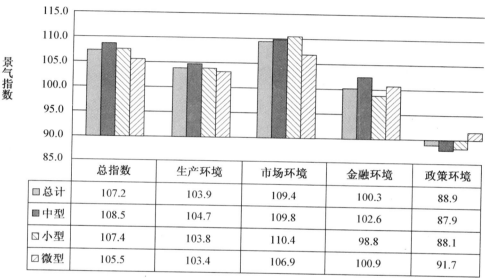

	总指数	生产环境	市场环境	金融环境	政策环境
□ 总计	107.2	103.9	109.4	100.3	88.9
■ 中型	108.5	104.7	109.8	102.6	87.9
□ 小型	107.4	103.8	110.4	98.8	88.1
□ 微型	105.5	103.4	106.9	100.9	91.7

图 4 - 7　2014 年江苏中、小、微企业的景气指数

表 4 - 6 显示,在 2014 年全省不同规模企业景气指数中,生产景气指数、市场景气指数、金融景气指数均高于 100,处在绿灯区间;其中市场景气指数最高,生产景气指数次之。

但值得关注的是金融景气指数稍低。显然,对中小企业的金融支持仍然是目前迫切需要解决的问题,尤其是小型企业,金融景气指数低于 100。小型企业通常处于生产经营的一个关键阶段,它们比中型企业规模小,但已经形成了初步的生产能力和管理能力,比起微型企业那种无序的经营方式有了根本的提升,若能得到金融等方面的支持,将有助于它们迅速地扩大规模,向中型企业转化。

政策景气指数中,除微型企业景气指数为 91.7,处在绿灯区外,全省中小微企业政策景气指数为 88.9、中型企业政策景气指数为 87.9、小型企业政策景气指数为 88.1,都低于 90,处在黄灯区,启动预警。这表明,江苏省各级政府和全社会都应高度关注中小企业的发展态势,针对中小企业面临的发展困境,从政策层面进一步创新和完善支持中小企业成长的服务体系,为中小企业营造更好的发展环境。

4.3.1　江苏中型企业景气分析

本次调查中,中型企业约占 26.96%,景气指数为 108.5,高于小微企业。表 4 - 6 显

示中型企业的景气指数普遍较高,在总指数及生产、市场、金融 3 个二级指标上,景气指数都高于小微企业;但在政策环境指数上却是最低的,只有 87.9,落到黄灯区。

从具体指标看:

(1) 中型企业高层管理者对本行业"总体运行状况"评价的景气指数超过了 130,但对于"企业综合生产经营状况"的评价则相对较低。这可能是由于他们的企业已经稍具规模,各项费用、负担都在加大,统计数据显示出规模以上中型工业企业在成本费用利润率、产品销售率等指标上,都弱于微型企业。

(2) 中型企业在盈利能力和市场开拓方面较有成效,景气指数高于小微企业,显示出中型企业在应对市场方面采取了更加积极的管控措施。

(3) 中型企业在固定资产投资、融资需求、劳动力需求、新产品开发方面都要强于小微企业,表现出中型企业有更强的发展意愿。

(4) 中型企业的人工成本略高于小微企业。

4.3.2　江苏小型企业景气分析

本次调查中,小型企业约占 48.35%,占总调查样本的 1/2。景气指数为 107.4,介于中型、微型企业之间。小型企业的市场环境景气指数稍高,与小型企业的基本特征比较相近。小型企业金融环境指数低于中型、微型企业,也是唯一的金融景气指数低于 100 的企业类型。

从具体指标看:

(1) 小型企业高层管理者对"本行业总体运行状况"评价的景气指数为 129.6,"企业综合生产经营状况"为 123.4,这 2 个指标的景气度都高于微型企业和低于中型企业。

(2) 小型企业的融资成本高于中型、微型企业,而获得融资的景气度又低于中型、微型企业,流动资金的景气度也是最低的;小型企业融资景气度弱于中型、微型企业。

(3) 小型企业在过剩产能的控制方面,其景气度高于中型、微型企业,这可能与小企业经营比较灵活的特征有关。当然,对于微型企业,基本上不会出现产能过剩问题。

(4) 小型企业的税收负担景气度低于中型、微型企业,而行政收费的景气度却是最高的。

4.3.3　江苏微型企业的景气分析

本次调查微型企业的样本数为 866 家,占总样本的 24.68%。微型企业的景气指数为 105.5,是各类企业中最低的。其中,生产、市场、金融 3 个二级指标的景气度都低于其他规模的企业,但"政策景气指数"高于中型、小型企业。

进一步分析,微型企业虽然大部分指标的景气度都低于中型、小型企业,但也显现一些特征:

(1) 在产能过剩方面,微型企业与小型企业一样,景气度高于中型企业。而在产成品库存控制方面又优于小型企业,这显然是微型企业经营更加灵活的结果。

(2) 在应收货款方面,微型企业景气度最高。现场访谈发现,微型企业更多地采用"现款现货"交易。

(3) 在流动资金方面,微型企业的景气度也稍高于中型、小型企业;但获得融资和融资成本方面的景气指数略高于小型企业。在访谈中发现,微型企业的流动资金相对宽裕、获得融资难度较大、融资成本较高的原因：一是更习惯以自有资金参与经营，这可能是流动资金压力较小、景气度较高的主要原因；二是微型企业更难于获得商业银行信贷，也就断了银行信贷融资的念想；三是微型企业资金来源大多依靠家族和朋友，一旦流动性不足，且在家族内朋友之间借不到钱时，只能转向寻求较高利息成本的小额贷款公司贷款，甚至高利贷，这就得承受高昂的融资成本。

（4）微型企业的劳动力需求的景气度最低，但人工成本的景气度却高于其他规模的企业。现场访谈发现，微型企业目前更多以企业主自己和有亲缘关系的人员负责经营管理，纯市场化雇佣关系较少。

（5）微型企业在固定资产投资、新产品开发等企业发展类景气指数方面低于其他规模的企业。

（6）政策景气方面，微型企业行政收费和税收负担的景气度与小型企业相近，并都高于中型企业。说明政府在税费方面对微型企业有更多的减免，这一成效已经显现。

4.4 江苏中小企业景气指数的区域特征分析

分区域看，苏南地区总景气指数为 108.8，稍高于全省平均水平；苏中地区为 110.3，为三个地区最高；苏北地区最低，仅 103.8。不同地区的景气指数都处于绿灯区（表 4-7）。

表 4-7 显示，江苏省中型企业的景气指数为 108.5，小型企业为 107.4，微型企业为 105.5，均处在绿灯区，并呈现出阶梯状递减的态势，且差距不大。苏南、苏中和苏北三地中、小、微企业的景气指数均在绿灯区运行，除苏北地区微型企业的景气指数较低（92.6）外，苏南和苏中的中、小、微企业景气指数都大于 100。

表 4-7 2014 江苏苏南、苏中和苏北地区中小企业景气指数

企业规模 ＼ 地区	全省	苏南地区	苏中地区	苏北地区
总计	**107.2**	**108.8**	**110.3**	**103.8**
中型企业	108.5	109.4	106.5	106.1
小型企业	107.4	108.6	111.2	105.1
微型企业	105.5	107.1	112.1	92.6

苏南地区总景气指数为 108.8，稍高于全省平均水平。中、小、微三类型企业的景气指数依次下降，苏中地区为 110.3，为三个地区最高。值得注意的是，苏中地区的微型企业的景气指数最高，小型企业次之，而中型企业列最后；苏北地区景气指数最低，仅 103.8，而中、小、微型企业的景气指数也呈现出依次降低的特征，其中微型企业的景气指数只有 92.6，落差较大。看来，苏北地区微型企业的成长环境有待进一步改善。

苏南、苏中、苏北三个区域的"本行业总体运行状况"和"企业综合生产经营状况"2 个指标的景气指数都较高（图 4-9）。这一点在经济较发达的苏南、苏中地区更加明显。而整体经济发展相对滞后的苏北地区的中小企业管理者，对本行业总体运营情况和企业生

产经营、未来发展的评价,远没有苏南、苏中的同行那样乐观,特别是"企业综合生产经营
状况"的景气指数仅有 105.7,低于苏南 17.5 个点,低于苏中 26.5 个点。

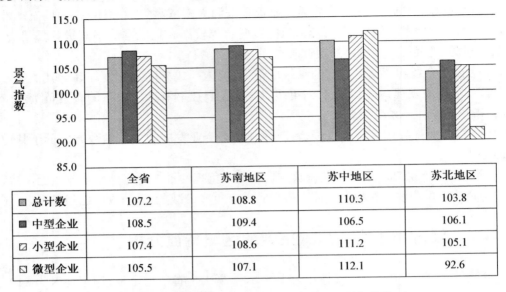

	全省	苏南地区	苏中地区	苏北地区
总计数	107.2	108.8	110.3	103.8
中型企业	108.5	109.4	106.5	106.1
小型企业	107.4	108.6	111.2	105.1
微型企业	105.5	107.1	112.1	92.6

图 4-8 苏南、苏中和苏北地区中小微企业景气指数

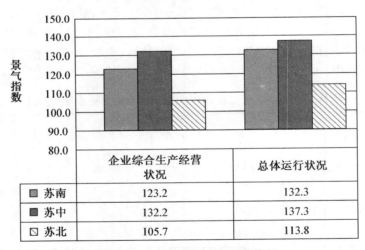

	企业综合生产经营状况	总体运行状况
苏南	123.2	132.3
苏中	132.2	137.3
苏北	105.7	113.8

图 4-9 三地区主要指标景气指数

4.4.1 苏南地区中小企业景气特征分析

苏南地区中小企业景气指数为 108.8,高于全省的平均水平,但稍低于苏中地区。
中、小、微企业的景气指数依次下降,与全省的态势较为接近;但各规模企业的景气指数相
差不大。其中,中型企业景气指数最高,表明苏南地区中型企业的发展较充分、发展环境
更好一些,中型企业管理者整体评价较高。从 2014 年上半年江苏整体经济运行情况看,
苏南地区工业增加值增速仅为 8.5%,低于苏中、苏北地区,但凭借实力雄厚的经济基础,
其工业增加值达到 8 183.08 亿元,远高于苏中、苏北地区的总和。

进一步分析,苏南地区各项指数较为均匀,没有特别高的,"获得融资"和"融资成本"的景气指数三地区最高;"融资需求"的景气指数稍弱于苏中;在"投资计划"、"新品开发"等指标上,苏南地区的景气指数也高于苏中、苏北地区;在过剩产能控制方面,苏南地区也做得较好;再有,苏南地区有较好的金融支持和发展规划,加上长期积累和优化的产业基础,因此,从整体上看,苏南地区的增长潜力依然强劲。

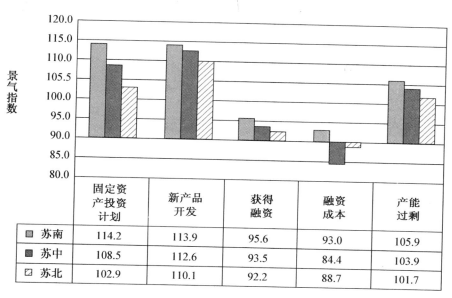

	固定资产投资计划	新产品开发	获得融资	融资成本	产能过剩
苏南	114.2	113.9	95.6	93.0	105.9
苏中	108.5	112.6	93.5	84.4	103.9
苏北	102.9	110.1	92.2	88.7	101.7

图 4-10 苏南地区金融、发展类指标景气指数

4.4.2 苏中地区中小企业景气特征分析

苏中地区中小企业的景气指数为 110.3,位居全省最高。统计数据显示,2014 年上半年苏中地区工业增加值增速为 12%,进出口总额增速为 13.9%,均高于苏南地区的 8.5%和 3.6%。尽管苏中地区在经济总量上与苏南相比还存在较大差异,但近年来苏中地区经济增长势头强劲,逐渐夯实的产业基础正在发挥积极的作用,产业结构性优化初见成效,一批各具特色的产业园和产业集群迅速形成。2014 年上半年,苏中地区人均工业增加值已经接近苏南地区。

图 4-9 显示,苏中地区的"本行业总体运行状况"和"企业综合生产经营状况"2 个指标都为全省最高,特别是"企业综合生产经营状况"的景气指数,苏中地区比苏南高出近10 个点,比苏北地区高出近 30 个点,表明苏中地区中小企业的整体运行状态相对良好。除这 2 个指标之外,苏中地区还有许多指标在 130 之上,特别是对"生产总量"、"盈利变化"、"流动资金"以及在营销类指标上评价都比较高,表明苏中地区的中小企业对生产、销售以及整体经济运行方面都有相对较好的评价。

但是,苏中地区也有需要高度关注的指标,特别是苏中地区"政策景气指数"只有 80,已落入到黄灯区。分析表明,造成这种状况的根本原因是人工成本景气度过低(56.1)。结合现场访谈我们发现,近年来苏中地区的经济发展比较快,中小企业特别希望得到政府政策支持。而政府出台某些政策时,可能对中小企业的现实情况和承受能力不够了解,当

刚性地规定最低工资标准、员工福利增长要求时,其标准可能超过了一些中小企业现阶段
所能承受的能力,这无疑加大了企业负担,也是较多中小企业给出负面评价的重要原因。

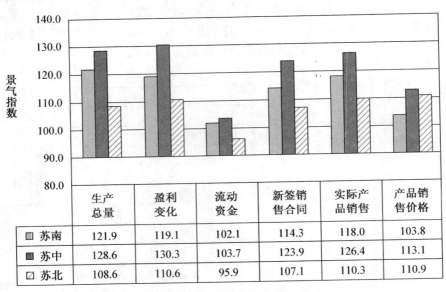

	生产总量	盈利变化	流动资金	新签销售合同	实际产品销售	产品销售价格
苏南	121.9	119.1	102.1	114.3	118.0	103.8
苏中	128.6	130.3	103.7	123.9	126.4	113.1
苏北	108.6	110.6	95.9	107.1	110.3	110.9

图4-11 苏中地区生产、销售类指标景气指数

在"税收负担"、"行政收费"2项指标上,苏中地区的景气指数高于苏南、苏北地区
(图4-12)。但是中型企业景气指数明显地低于小、微企业(图4-8)。这需要引起足够
重视。

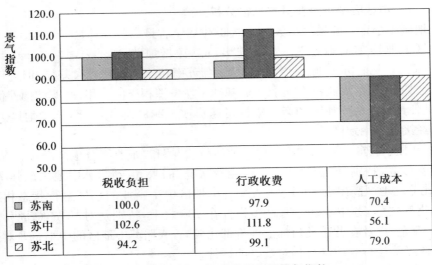

	税收负担	行政收费	人工成本
苏南	100.0	97.9	70.4
苏中	102.6	111.8	56.1
苏北	94.2	99.1	79.0

图4-12 苏中地区政策类指标景气指数

4.4.3 苏北地区中小企业景气特征分析

统计显示,2014年上半年,苏北地区工业增加值的增速达到13.1%,是全省三个区域

最高的;进出口增速等统计指标也表明苏北地区经济增长势头更为强劲。但苏北地区中小企业景气指数仅有103.8,是三地区最低的;苏北地区微型企业的景气指数仅有92.6(图4-8),是三地区最低的;且中、小型企业的景气指数也都低于苏南、苏中地区。

相对而言,苏北地区在整体经济的发展水平上仍然滞后于苏南、苏中。由于苏北地区近年来在引进项目方面成效显著,特别在苏北的一些地级市,重点项目对整体经济增长的贡献作用十分明显。但经济基础相对薄弱,若按人均计算,苏北地区2014年上半年的工业增加值仅为苏南的47.8%,苏中的53.6%。

在"税收负担"上,苏北地区的景气指数明显低于苏南、苏中地区(图4-12)。但统计显示,苏北地区的"企业所得税占GDP比重"低于苏南、苏中地区,看来只是中小企业的经营者在心理上觉得苏北的税负较高。"行政收费"指标上,苏北低于苏中而稍高于苏南,统计也显示苏北的"行政事业性收费收入占GDP比重"要高于苏南、苏中地区。可见,认为行政收费较高,已不是苏北地区中小企业经营者的内心感受。因此,苏北地区相关政府部门有必要高度关注行政收费问题。

统计显示,苏北地区的小微企业比苏南、苏中地区更加活跃,规模以上小微型工业企业总产值占其全部规模以上工业总产值的52.9%;固定资产投资有71.6%来自于私营个体经济,比例高于苏南、苏中地区。小微企业正在成为苏北地区重要的经济力量。

在"企业综合生产经营状况"评价方面,苏北地区一些企业管理者显现出不太乐观的判断,低于苏南地区近20点,低于苏中地区近30个点;主要原因是苏北地区发展相对滞后于苏南、苏中地区,故生产、营销、发展等指标上的景气度都比较低。但"人工成本"的景气度较高,表明苏北地区的劳动力资源优势比较明显(图4-13)。

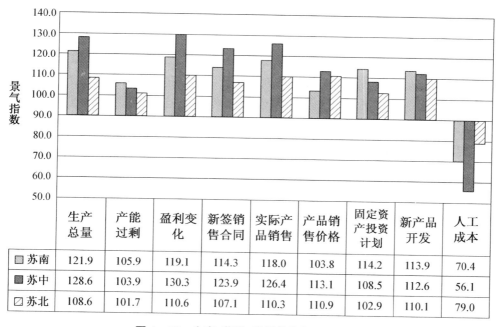

	生产总量	产能过剩	盈利变化	新签销售合同	实际产品销售	产品销售价格	固定资产投资计划	新产品开发	人工成本
苏南	121.9	105.9	119.1	114.3	118.0	103.8	114.2	113.9	70.4
苏中	128.6	103.9	130.3	123.9	126.4	113.1	108.5	112.6	56.1
苏北	108.6	101.7	110.6	107.1	110.3	110.9	102.9	110.1	79.0

图4-13　生产、营销、发展等指标景气指数

4.5 江苏中小企业景气指数的城市特征分析

2014 年江苏中小企业景气指数为 107.2。13 个城市中,泰州、扬州、淮安市的景气指数分别列第 1、2、3 位,高于全省平均水平。盐城、宿迁 2 市列第 12、13 位,也是景气指数低于 100 的 2 个市,但都高于 90,位于绿灯区。其他 11 个城市的景气指数均在 100 以上,见表 4-8。

表 4-8 江苏省 13 市中小企业景气指数

序号	市	景气指数	位次
	全省	107.2	
1	南京市	106.0	9
2	无锡市	111.1	4
3	徐州市	103.9	11
4	常州市	110.3	5
5	苏州市	107.6	7
6	南通市	106.0	9
7	连云港市	109.8	6
8	淮安市	111.2	3
9	盐城市	97.1	12
10	扬州市	111.4	2
11	镇江市	107.3	8
12	泰州市	112.1	1
13	宿迁市	92.9	13

苏中地区的景气指数领先,除南通市列第 9 位,泰州、扬州市分列第 1、2 位;苏南地区则次之,基本处于中等水平;苏北地区除淮安市列第 3 位、连云港市列第 6 位以外,其他 3 个市列最后 3 位。

表 4-9 江苏省 13 市中小企业景气指数统计描述

	N	最小值	最大值	均值	标准差	方差
景气指数	13	92.9	112.1	106.7	5.816 7	33.834
有效的 N(列表状态)	13					

表 4-9 显示,2014 年度江苏省 13 市景气调查指数之间的标准差为 5.816 7,存在着较大的离散性,景气指数最高的泰州市与最低的宿迁市相差 19.2。

泰州市中小企业总景气指数列全省第 1 位,是由于在"本行业总体运营状况"、"企业综合生产经营状况"这 2 个指标上的景气度较高,而在"生产总量"、"盈利变化"、"实际产品销售"方面的景气度也都位于全省的前列,显示出泰州市中小企业的整体经济运行状况较好,大多数中小企业对现状和前景较为乐观。

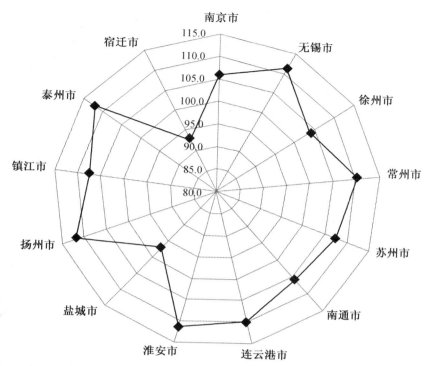

图 4－14　江苏省 13 市中小企业总景气指数

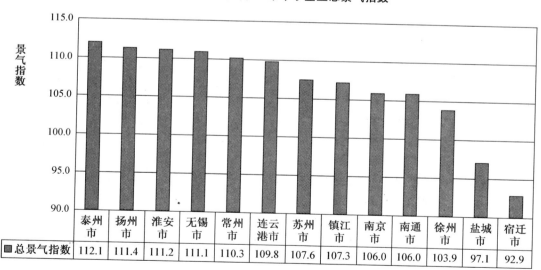

	泰州市	扬州市	淮安市	无锡市	常州市	连云港市	苏州市	镇江市	南京市	南通市	徐州市	盐城市	宿迁市
总景气指数	112.1	111.4	111.2	111.1	110.3	109.8	107.6	107.3	106.0	106.0	103.9	97.1	92.9

图 4－15　江苏省 13 市中小企业总景气指数排序

扬州、淮安、无锡市 3 个市的总景气指数列第 2、3、4 位，景气指数都稍高于 111.0。从相关指标看，这 3 个市的生产、营销类指标的景气度都比较高。其中，扬州市中小企业的生产、营销类指标的景气度普遍较高，其中"生产总量"、"新签销售合同"的景气指数为全省最高，在"税收负担"、"行政收费"等指标上，景气度也在全省前列；淮安市是苏北城市,问卷调查显示,在"生产总量"、"盈利变化"、"营销费用"、"主要原材料及能源供应"、"新产品开发"等方面,淮安的景气度都比较高;无锡市的生产、营销等指标与扬州、淮安相似,并且在"投资计划"方面的景气度为全省最高,表明无锡中小企业较注重企业的长期发展。

问卷调查指标"本行业总体运营状况"和"企业综合生产经营状况"反映企业经营者对本行业的整体情况和企业经营前景的判断。2014年的景气调查中,这2个指标的景气度普遍较高,显示出企业管理者主观的和整体的感觉相对乐观,大多数中小企业对整体经济运行情况持有较为一致的、积极的看法。

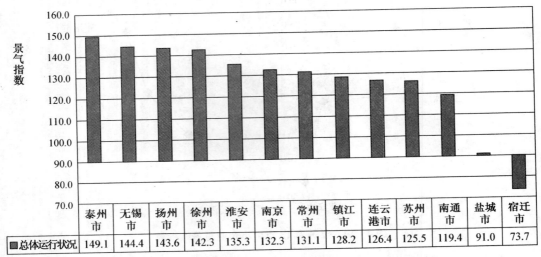

	泰州市	无锡市	扬州市	徐州市	淮安市	南京市	常州市	镇江市	连云港市	苏州市	南通市	盐城市	宿迁市
总体运行状况	149.1	144.4	143.6	142.3	135.3	132.3	131.1	128.2	126.4	125.5	119.4	91.0	73.7

图4-16 江苏省13市中小企业"本行业总体运营状况"景气指数排序

13个市的"本行业总体运营状况"景气指数的排序见图4-16,整体上看,这个指标的景气指数普遍高于各市的总景气指数。泰州、无锡、扬州市列前3位。泰州市这个指标的景气指数已经接近150,见图4-17,有87.6%的中小企业管理者给予了"一般"以上的评价,选择"乐观"、"较乐观"的比例远大于"较不乐观"、"不乐观"。盐城、宿迁列最后2位,这2个市"总体运营状况"景气指数低于总指数,也低于

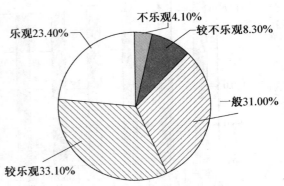

图4-17 泰州市对总体运营状况的评价

100。宿迁市这个指标的景气指数只有73.7,见图4-18,只有54.5%的中小企业管理者给予了"一般"以上的评价。泰州市与宿迁市的差别很明显。

13个市的"企业综合生产经营状况"排序见图4-19,与"本行业总体运营状况"表现出较为一致的趋势特征,各个城市的排序稍有一些变化,盐城、宿迁依然列最后2位,景气指数也同样低于总指数。

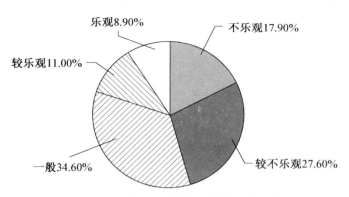

图 4 - 18　宿迁市对总体运营状况的评价

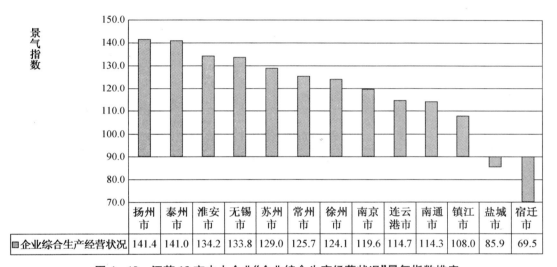

图 4 - 19　江苏 13 市中小企业"企业综合生产经营状况"景气指数排序

宿迁市由于经济发展在江苏省内相对滞后,多项指标的景气度都列全省最后。但在政策景气度上列全省第 1。在"获得融资"、"人工成本"上都列全省第 1,在"人工成本"上的景气指数比最低的扬州市几乎高出 100。此外,在"应收货款"上的景气度也是全省最高的。

4.5.1　江苏 13 市中小企业生产景气特征分析

2014 年度江苏中小企业生产景气指数为 103.9,稍低于总指数。13 市中的常州、连云港、无锡市的景气指数分别列第 1、2、3 位,高于全省平均水平。徐州、宿迁、盐城 3 市列第 11、12、13 位,也是景气指数低于 100 的 3 个市,其他各市的景气指数均在 100 以上,见表 4 - 10。

表 4 - 10　江苏省 13 市中小企业生产景气指数

序号	市	景气指数	位次
	全省	103.9	
1	南京市	103.1	10
2	无锡市	108.1	3
3	徐州市	98.0	11
4	常州市	110.2	1
5	苏州市	103.7	9
6	南通市	104.0	7
7	连云港市	109.9	2
8	淮安市	106.8	5
9	盐城市	94.5	13
10	扬州市	103.9	8
11	镇江市	106.1	6
12	泰州市	107.7	4
13	宿迁市	95.0	12

表 4 - 11　江苏省 13 市中小企业生产景气指数统计描述

	N	最小值	最大值	均值	标准差	方差
景气指数	13	94.5	110.2	103.9	5.196 8	27.007
有效的 N（列表状态）	13					

表 4 - 11 显示，2014 年江苏 13 市生产景气指数之间的标准差为 5.196 8，离散程度稍低于整体的景气指数，但各市之间存在着一定的差距，相差距离为 15.7。

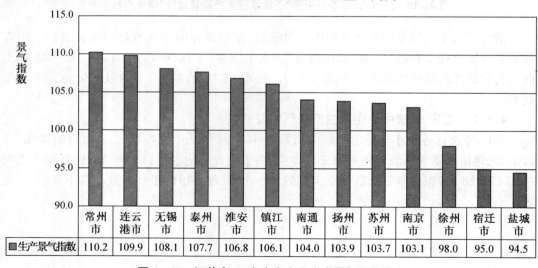

图 4 - 20　江苏省 13 市中小企业生产景气指数排序

表4-10、图4-20显示,常州市中小企业生产景气指数排名第1位(110.2),常州市中小企业生产类指标的景气度普遍较高,"产能过剩"、"产成品库存"的景气指数都列全省第1位,"主要原材料及购进价格"的景气指数也位居全省前列。

连云港市中小企业生产景气指数列全省第2位,在"产能过剩"方面景气指数仅次于常州而列全省第2位,"流动资金"的景气指数列全省第1位,在"盈利变化"、"产品销售价格"等指标上景气度也都较高。

无锡市中小企业生产景气指数列全省第3位。其中,"主要原材料及能源供应"的景气指数为全省最高,但"主要原材料及能源购进价格"的景气度却只列全省的倒数第2位,表明无锡市的中小企业虽然对原材料及能源供应的评价较高,但同时认为价格也偏高;其他生产类指标的景气指数,无锡也都处于较前的位置。

三个苏北城市(徐州、宿迁和盐城)中小企业生产景气指数排在后三位,且都低于100,表明苏北三市中小企业生产状况相对不景气。

4.5.2 江苏13市中小企业市场景气特征分析

2014年江苏中小企业市场景气指数为109.4。13市中,扬州、淮安、泰州市的景气指数分别列第1、2、3位,高于全省平均水平;而盐城、宿迁2市列第12、13位,也是景气指数低于100的2个市;其他各市的景气指数均在100以上,见表4-12。

表4-12 江苏省13市中小企业市场景气指数

序号	市	景气指数	位次
	全省	109.4	
1	南京市	107.9	11
2	无锡市	115.0	4
3	徐州市	110.9	8
4	常州市	114.3	6
5	苏州市	111.7	7
6	南通市	110.5	9
7	连云港市	115.0	4
8	淮安市	116.9	1
9	盐城市	95.3	12
10	扬州市	116.9	1
11	镇江市	108.3	10
12	泰州市	115.8	3
13	宿迁市	91.8	13

表4-13 江苏13市中小企业市场景气指数统计描述

	N	最小值	最大值	均值	标准差	方差
景气指数	13	91.8	116.9	110.0	7.936 9	62.994
有效的 N(列表状态)	13					

表4-13显示,2014年江苏13市的市场景气指数之间的标准差为7.9369,存在着较

大的离散性,市场景气指数最高的扬州市与最低的宿迁市相差25.2,各市之间存在着比较大的差距。但离散主要分2个部分,第1部分为市场景气指数高于100的11个市,这部分景气指数极差只有9.1。第2部分是市场景气指数低于100的2个市,且排名第11位的南京市与排名第12位的盐城市之间景气指数相差了12.6,与宿迁更是相差16.1。可见,市场景气指数离散程度较高主要体现在景气指数在100以上的各市与在100以下各市之间的差距。这在图4-21中可直观看出。

位于前11位的城市的景气指数相差只有9.1,极差较小,显示出各市的中小企业管理者对于市场环境的评价较为一致。这是一个组合型的指标,由产品销售、原材料供应等组合而成。

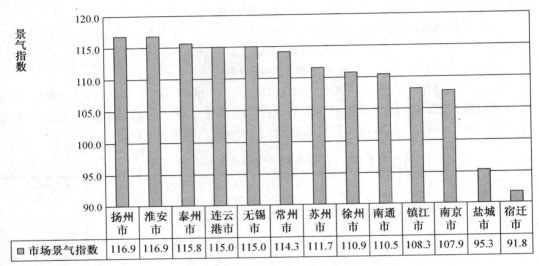

	扬州市	淮安市	泰州市	连云港市	无锡市	常州市	苏州市	徐州市	南通市	镇江市	南京市	盐城市	宿迁市
■ 市场景气指数	116.9	116.9	115.8	115.0	115.0	114.3	111.7	110.9	110.5	108.3	107.9	95.3	91.8

图4-21 江苏13市中小企业市场景气指数排序

扬州市、淮安市中小企业市场景气指数同为116.9,并列第1位。从指标构成看,2市在"盈利变化"上的景气指数相同。扬州市中小企业的营销类指标稍强,在"新签销售合同"、"实际产品销售"、"产品销售价格"、"产成品库存"上的景气指数稍高。淮安市在"主要原材料及能源购进价格"、"主要原材料及能源供应"、"应收货款"上的景气指数稍高,在"营销费用"上的景气指数也高于扬州。

排在第3位的泰州市中小企业在"实际产品销售"、"产成品库存"、"应收货款"等指标的景气度较高,并高于扬州、淮安2市。

盐城市的各个市场类组成指标普遍较低,宿迁市虽然在"主要原材料及能源购进价格"和"应收货款"上的景气指数都列全省第1位,但由于其他指标的景气度过低,影响了整体的排序。

4.5.3 江苏13市中小企业金融景气特征分析

表4-14显示,2014年江苏中小企业金融景气指数为100.3,接近100。13市中,连云港、常州、苏州市的金融景气指数分别列第1、2、3位,高于全省平均水平。扬州、盐城、徐州3市列第11、12、13位,也是金融景气指数低于100的3个市,有4个市(镇江、南通、

南京、宿迁)的金融景气指数位于 100 稍上的水平。从图 4 - 22 可见,金融景气指数的排序与总指数、生产、市场景气相差较大。

表 4 - 14　江苏省 13 市中小企业金融景气指数

序号	市	景气指数	位次
	全省	100.3	
1	南京市	100.4	9
2	无锡市	103.9	5
3	徐州市	90.4	13
4	常州市	105.1	2
5	苏州市	104.7	3
6	南通市	100.6	8
7	连云港市	107.5	1
8	淮安市	101.1	6
9	盐城市	93.9	12
10	扬州市	96.1	11
11	镇江市	100.8	7
12	泰州市	104.3	4
13	宿迁市	100.2	10

表 4 - 15　江苏省 13 市中小企业金融景气指数统计描述

	N	最小值	最大值	均值	标准差	方差
景气指数	13	90.4	107.5	100.7	4.820 1	23.234
有效的 N(列表状态)	13					

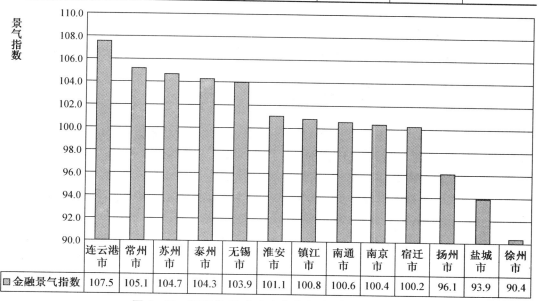

图 4 - 22　江苏省 13 市中小企业金融景气指数排序

表 4-15 显示,2014 年江苏各市金融景气指数之间的标准差为 4.820 1,离散程度小于生产、市场景气指数。图 4-22 可以看出,金融景气指数排序可分为 3 段,第 1 段是景气指数高于 103 的 5 个市,第 2 段也是 5 个市,景气指数稍高于 100,第 3 段是景气指数低于 100 的 3 个市。

图 4-22 显示江苏省 13 市中小企业的金融景气指数普遍较低,在融资难问题普遍存在时,中小企业非常关注能否得到发展所需要的资金。"融资需求"、"投资计划"的景气指数普遍地高于"获得融资"和"融资成本"的景气指数,显示出融资方面的政策、措施滞后于中小企业的发展意愿。而且,发展意愿越高的城市,获得融资与融资成本的指标会越低,这种现象在 12 个城市都得到验证。同时,在发展意愿相对较低的城市,"获得融资"、"融资成本"的景气指数则较高。

以连云港为例,连云港市中小企业金融景气指数位于全省第 1 位,首先是因为"流动资金"情况较好,在这个指标上的景气指数为全省最高。此外,在"融资需求"、"获得融资"、"融资成本"上的景气指数也都位居全省的前列。

再看扬州市,扬州中小企业市场景气指数位居全省第 1 位,但金融景气指数却列倒数第 3 位,显示出市场环境与金融环境的不对称。进一步比较,扬州"获得融资"列第 12 位,"融资成本"列第 13 位。现场访谈的结果是扬州实际融资成本并不算高,"融资成本"景气指数过低的原因是扬州中小企业管理者认为融资成本会过快增长。看来扬州的金融环境主要面临着"融资难"的问题,而不是"融资贵"。

徐州市中小企业金融景气指数列全省最后 1 位,"融资需求"景气度列全省第 1 位,"获得融资"景气度列第 13 位,"融资成本"景气度列第 12 位,几乎都为全省最低。在徐州,融资需求大,且"融资难、融资贵"的问题十分突出,但"投资计划"却很低。是否因为这些金融瓶颈而退缩,被迫减少投资计划?

4.5.4 江苏 13 市中小企业政策景气特征分析

2014 年江苏中小企业政策景气指数为 88.9,已经低于 90,落入黄灯区,这是一个危险的征兆,启动预警。13 市中,宿迁、盐城市中小企业政策景气指数分别列第 1、2 位,也是 2 个政策景气指数高于 100 的城市。其他 11 个市的政策景气指数都低于 100,而落入黄灯区(低于 90)的有南京、无锡、徐州、常州、苏州、连云港、淮安、扬州、泰州共 9 个城市,占比高达 69.23%!其中无锡、淮安、徐州 3 市排名第 11、12、13 位,见表 4-16、图 4-23。

表 4-17 显示,2014 年度江苏省 13 市中小企业政策景气指数之间的标准差为 9.503 9,极差达到 35.1,离散程度远大于总指数和生产、市场、金融等景气指数。图 4-23 显示 9 个城市的政策景气指数都小于 90,徐州最低,为 73.9。

中小企业政策景气指数从企业的资源可获得性和企业负担两方面评价中小企业的政策环境,而不是简单地从"减轻企业负担"这个单一角度去评价。宿迁市中小企业政策景气指数排名全省第 1 位,主要得益于"获得融资"、"人工成本"2 项指标的景气指数列全省第 1 位,特别是"人工成本"优势非常明显。而在"税收负担"、"行政收费",宿迁并无优势,景气指数都位居全省最后。

表 4-16　江苏 13 市中小企业政策景气指数

序号	市	景气指数	位次
	全省	88.9	
1	南京市	89.2	5
2	无锡市	82.2	11
3	徐州市	73.9	13
4	常州市	88.7	6
5	苏州市	87.5	9
6	南通市	91.0	4
7	连云港市	84.0	10
8	淮安市	81.3	12
9	盐城市	103.7	2
10	扬州市	88.4	7
11	镇江市	99.4	3
12	泰州市	88.0	8
13	宿迁市	109.0	1

表 4-17　江苏 13 市中小企业政策景气指数统计描述

	N	最小值	最大值	均值	标准差	方差
景气指数	13	73.9	109.0	89.7	9.503 9	90.323
有效的 N（列表状态）	13					

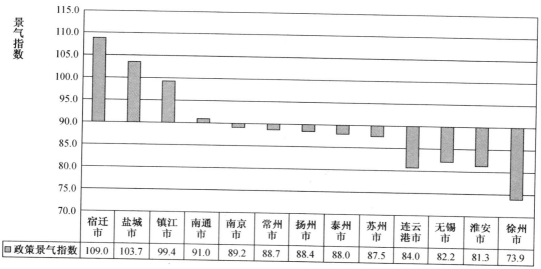

	宿迁市	盐城市	镇江市	南通市	南京市	常州市	扬州市	泰州市	苏州市	连云港市	无锡市	淮安市	徐州市
政策景气指数	109.0	103.7	99.4	91.0	89.2	88.7	88.4	88.0	87.5	84.0	82.2	81.3	73.9

图 4-23　江苏 13 市中小企业政策景气指数排序

　　盐城市政策景气指数列全省第 2 位,是由于在"税收负担"和"行政收费"的景气指数上都列全省第 1 位,而在"人工成本"上,仅次于宿迁而列全省第 2 位。

　　徐州市列最后,与其人工成本过高直接相关。

第五章 2014年江苏中小企业生态环境综合评价

5.1 总体评价

根据前面阐述的企业生态环境的概念及构成(图1-1、图3-1、表3-5),企业生态环境评价体系是由问卷调查指标、统计局相关统计指标、专家评分三者构成的复合型评价体系,并创建了4个生态条件二级指标、8个生态条件维度指标和62个生态条件影响因子指标,以期更加全面和客观地评价江苏中小企业的生存状态和生态环境。

表5-1显示,2014年江苏中小企业8个生态环境维度指标数据较为均匀,最高与最低的得分没有超过1.5个维度评价分。在"经营状况维度"、"产品供给维度"和"资源需求维度"上表现得较为显著,分别列前3位,这三个维度指数得分都大于5.0,其中,"经营状况维度"得分最高。

表5-1 江苏中小企业生态环境评价维度指标得分和排序

生态环境评价维度指标	评价得分	排序
经营状况维度	5.590 3	1
企业发展维度	4.567 6	7
产品供给维度	5.190 9	3
资源需求维度	5.206 6	2
运营资金维度	4.058 1	8
企业融资维度	4.747 0	5
政策支持维度	4.899 4	4
企业负担维度	4.625 3	6

表5-2 江苏中小企业生态环境维度统计描述

	N	最小值	最大值	均值	标准差	方差
维度指标	8	4.06	5.59	4.860 7	0.472 21	0.223
有效的 N(列表状态)	8					

由表5-2可知,江苏中小企业各维度指标较为均衡,各维度指标间的离散幅度并不大。

表5-1显示,"经营状况维度"是各维度中得分最高的,"政策支持维度"和"企业负担维度"列第4位和第6位,处于各维度的中等水平,而"运营资金维度"得分最低,列8个维度的末位,且比"经营状况维度"低了1.53个评价分,表明运营资金(融资问题)成为目前

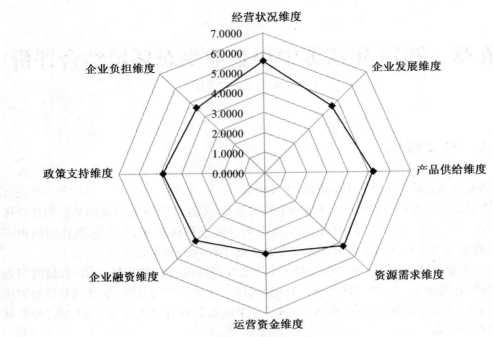

图 5 - 1 江苏中小企业生态环境各维度的得分

江苏中小企业生存和发展最大瓶颈,也表明中小企业的发展迫切需要金融方面的支持。

"企业发展维度"的得分也偏低,列第 7 位,也需要高度关注,表明中小企业自主发展与创新的动力比较弱。

5.1.1 江苏 13 市中小企业生产生态条件的比较

表 5 - 3 显示江苏 13 市中小企业"经营状况"和"企业发展"两个维度的生产生态条件维度得分情况。苏南和苏中地区整体评价好于苏北地区,"苏、锡、常"三市在这 2 个维度指标上的排序均较前,苏州和无锡位居第 1 位和第 2 位,常州居第 4 位。

表 5 - 4 是江苏中小企业生态环境的"经营状况维度"、"企业发展维度"的统计描述。

从整体上看,"经营状况维度"的离散程度稍高,平均得分列各维度最高,标准差为 1.447 6,表明地区间在经营状况上有一定的差距(表 5 - 4)。苏南地区对企业综合生产经营状况的评价最高。除盐城、宿迁 2 市,其他 11 个市的得分都高于 5 分,常州、无锡分别列第 1、2 位。

表 5 - 3   江苏 13 市中小企业生产(服务)生态条件维度得分比较

	经营状况维度			企业发展维度	
排序	城市	得分	排序	城市	得分
1	常州市	6.898 8	1	苏州市	6.596 9
2	无锡市	6.705 9	2	无锡市	5.810 5
3	泰州市	6.525 7	3	连云港市	5.520 2
4	南通市	6.308 5	4	常州市	5.457 2
5	扬州市	6.109 5	5	淮安市	5.342 2
6	苏州市	6.100 5	6	扬州市	5.063 8
7	连云港市	6.079 2	7	南京市	4.615 3
8	淮安市	5.962 6	8	南通市	4.412 1
9	镇江市	5.914 1	9	泰州市	4.405 8
10	徐州市	5.776 3	10	盐城市	3.323 8
11	南京市	5.367 6	11	镇江市	3.149 4
12	盐城市	2.720 1	12	徐州市	3.020 8
13	宿迁市	2.204 6	13	宿迁市	2.661 3

表 5 - 4   江苏省 13 市中小企业生产生态条件维度统计描述

	N	最小值	最大值	均值	标准差	方差
经营状况维度	13	2.204 6	6.898 8	5.590 3	1.447 6	2.095 4
企业发展维度	13	2.661 3	6.596 9	4.567 6	1.219 5	1.487 1
有效的 N(列表状态)	13					

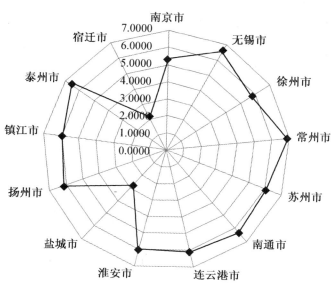

图 5 - 2   江苏 13 市中小企业"经营状况维度"得分比较

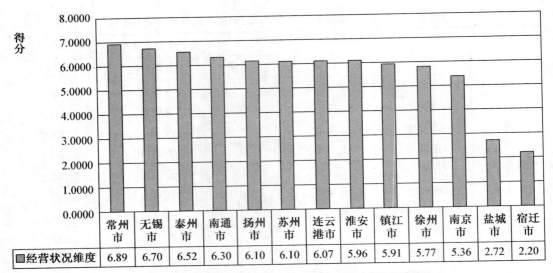

	常州市	无锡市	泰州市	南通市	扬州市	苏州市	连云港市	淮安市	镇江市	徐州市	南京市	盐城市	宿迁市
经营状况维度	6.89	6.70	6.52	6.30	6.10	6.10	6.07	5.96	5.91	5.77	5.36	2.72	2.20

图 5‐3　江苏 13 市中小企业"经营状况维度"得分排序

　　各市的"企业发展维度"得分都明显低于"经营状况维度"。并且，最大值、均值、标准差都小于"经营状况维度"（表 5‐4）。表明在企业发展维度上地区间的差距较小，各市中小企业并没有因为经营状况较好而加大企业发展方面的规划。苏州、无锡分列第 1、2 位。值得关注的是连云港的得分列第 3 位，相关数据表明，得分靠前的原因主要得益于连云港"劳动力需求"和"私营个体经营占固定资产投资比例"的得分较高。

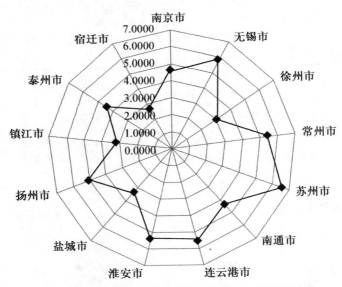

图 5‐4　江苏 13 市中小企业"企业发展维度"得分比较

　　苏南地区在新产品开发、专利授权数量、固定资产投资计划方面得分较高，但私营个体经济占新增固定资产投资的比例却远小于苏中、苏北地区。苏中地区各类指标得分基本介于苏南、苏北之间，但人工成本得分最低。苏北地区在人工成本、私营个体经济占新

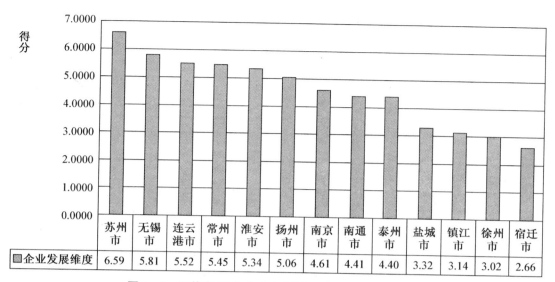

	苏州市	无锡市	连云港市	常州市	淮安市	扬州市	南京市	南通市	泰州市	盐城市	镇江市	徐州市	宿迁市
■企业发展维度	6.59	5.81	5.52	5.45	5.34	5.06	4.61	4.41	4.40	3.32	3.14	3.02	2.66

图 5-5 江苏省 13 市中小企业"企业发展维度"得分排序

增固定资产投资方面得分高于苏南、苏中地区。

5.1.2 江苏 13 市中小企业市场生态条件的比较

表 5-5 从"产品供应"、"资源需求"2 个维度显示江苏 13 市中小企业的市场生态条件维度的得分情况。

表 5-5 江苏省 13 市中小企业市场生态条件维度指标得分比较

产品供给维度			资源需求维度		
排序	城市	得分	排序	城市	得分
1	苏州市	7.017 8	1	常州市	5.923 7
2	无锡市	6.206 9	2	连云港市	5.673 1
3	扬州市	6.189 5	3	南通市	5.612 2
4	常州市	5.700 2	4	泰州市	5.570 5
5	泰州市	5.617 9	5	南京市	5.517 2
6	徐州市	5.550 3	6	苏州市	5.345 6
7	连云港市	5.357 9	7	无锡市	5.199 4
8	淮安市	5.292 8	8	盐城市	5.075 6
9	南京市	5.268 6	9	淮安市	4.985 8
10	南通市	5.195 4	10	镇江市	4.956 9
11	镇江市	4.495 8	11	徐州市	4.815 2
12	宿迁市	3.088 2	12	宿迁市	4.774 4
13	盐城市	2.500 1	13	扬州市	4.236 8

表 5 - 6　江苏省 13 市中小企业生产生态条件维度指标统计描述

	N	最小值	最大值	均值	标准差	方差
产品供给维度	13	2.500 1	7.017 8	5.190 9	1.229 0	1.510 6
资源需求维度	13	4.236 8	5.923 7	5.206 6	0.461 3	0.212 8
有效的 N(列表状态)	13					

由表 5 - 6 可知,江苏中小企业市场生态环境的"产品供给维度"得分略高一些,而"资源需求维度"的得分比较平均。整体上看,"产品供给维度"的得分较高,且离散程度也较高,表明地区间在经营状况上有一定的差距。

苏州和无锡在产品供给维度得分上分别列第 1 位和第 2 位,得分领先的原因在于这两个城市的"全社会用电量"和"亿元以上商品交易市场商品成交额"的得分远高于其他城市;排名第 3 位的扬州则是营销类问卷调查指标得分领先;还可以看到,苏中地区各个营销类指标得分均高于苏南、苏北地区,这表明苏中地区的中小企业更重视产品的推广;苏南地区在产成品库存方面得分较高,表明苏南地区中小企业的市场应变能力和产品库存管理能力较强。

苏北地区 5 个城市在产品供给维度上各项指标相对滞后,与苏南地区有 1.38 的分差。其中"产成品库存"的得分最低,意味着苏北各市在市场应变能力和产品库存管理能力方面有待提升。

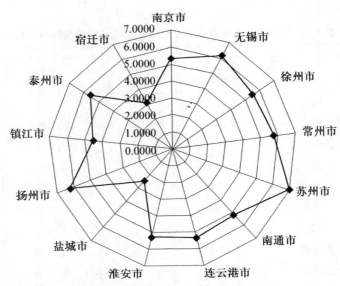

图 5 - 6　江苏 13 市中小企业"产品供给维度"得分比较

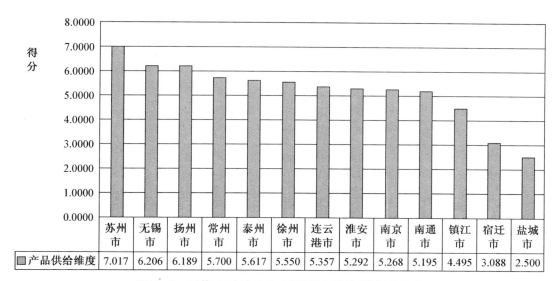

	苏州市	无锡市	扬州市	常州市	泰州市	徐州市	连云港市	淮安市	南京市	南通市	镇江市	宿迁市	盐城市
产品供给维度	7.017	6.206	6.189	5.700	5.617	5.550	5.357	5.292	5.268	5.195	4.495	3.088	2.500

图5-7 江苏13市中小企业"产品供给维度"得分排序

13市在"资源需求维度"上的得分较为均衡,平均得分列各维度第2,标准差为0.4613,显示江苏省各市之间在资源需求方面的差距较小(表5-6、图5-9)。这个维度得分的高低取决于诸多生态条件影响因子,如原材料和能源采购、劳动力、融资等问卷调查指标,私营个体工商户户数、规模以上工业企业资产贡献率、资产负债率等统计指标,并在专家打分后形成一个综合得分。

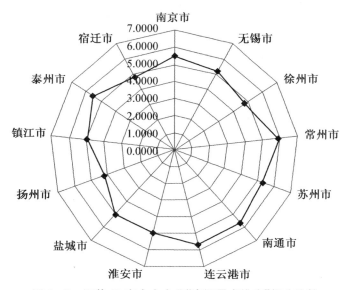

图5-8 江苏13市中小企业"资源需求维度"得分比较

问卷调查得分显示,江苏三个地区的"融资需求"和"劳动力需求"都比较高。苏北地区"主要原材料及能源供应"的得分较低,以盐城、宿迁2市最为突出,但这2市的"人工成本"得分又是最高的;苏南地区的"规模以上工业企业总资产贡献率"得分低于苏中、苏北地区。

　　苏州、南通、盐城这3个分别位于苏南、苏中、苏北的城市,在"私营个体工商户户数"上得分相近,且位居全省的前3位。特别是苏州市,其整体经济比较发达,中小企业经济实力占比相对小一些,以致"规模以上中小企业工业总产值占比"和"私营个体占新增固定资产投资比例"这两个统计指标得分都位于江苏全省最末位,但"私营个体工商户户数"得分较高,表明苏州市的小微企业还是比较活跃的。

　　在"规模以上工业企业总资产贡献率"得分上,苏中、苏北较接近,苏南明显地低于苏中、苏北地区。苏州市这项指标列全省最末位。

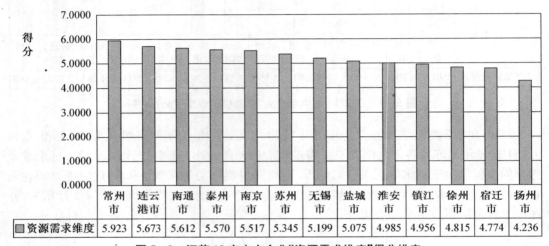

得分

	常州市	连云港市	南通市	泰州市	南京市	苏州市	无锡市	盐城市	淮安市	镇江市	徐州市	宿迁市	扬州市
资源需求维度	5.923	5.673	5.612	5.570	5.517	5.345	5.199	5.075	4.985	4.956	4.815	4.774	4.236

图5-9　江苏13市中小企业"资源需求维度"得分排序

5.1.3　江苏13市中小企业金融生态条件的比较

　　表5-7显示,金融生态条件指标从"产品供应"、"资源需求"2个维度反映江苏13市的金融生态环境的现状。苏南地区的整体经济实力较强,紧靠上海国际金融中心,又有南京这样一个正在崛起的区域金融中心的支持,其金融生态的整体评价好于苏中、苏北地区。图5-18显示江苏省三个地区的"资金运营维度"和"企业融资维度"的比较结果,苏中和苏北地区的金融生态条件比较接近,苏南的金融生态条件已有明显的优势。由于这次调查以生产型企业(制造业)为主,金融生态条件的评价更多地指向实体经济。

　　由表5-7可知,江苏中小企业金融生态条件"运营资金维度"和"企业融资维度"的最高得分,也是8个维度的最高分,均被苏州囊括。可是在表5-8的统计表述中发现,这两个金融生态条件维度得分的标准差也是最大的,表明这2个维度得分的离散程度是最大的,金融资源更多地向苏南集聚,苏南地区尤其是苏州凭借这种金融优势,在2个维度得分上遥遥领先;而苏北地区一些城市排位落后就在意料之中了。

　　表5-8可见,从整体上看,"运营资金维度"的离散程度较高,标准差为1.6494,表明地区间在运营状况上有较大的差距。图5-11显示苏、锡、常3市列这个指标的前3位,南京市列第4位,徐州、盐城市列最后2位。

表5－7　江苏13市中小企业金融生态条件2个维度的得分比较

运营资金维度			企业融资维度		
排序	城市	得分	排序	城市	得分
1	苏州市	7.143 4	1	苏州市	7.546 0
2	无锡市	5.764 5	2	南京市	6.785 1
3	常州市	5.551 8	3	无锡市	6.607 9
4	南京市	4.851 1	4	常州市	5.315 1
5	连云港市	4.406 1	5	泰州市	5.229 2
6	泰州市	4.197 6	6	连云港市	4.916 5
7	镇江市	4.024 4	7	南通市	4.771 1
8	南通市	3.927 3	8	镇江市	4.363 8
9	宿迁市	3.831 5	9	宿迁市	3.500 0
10	淮安市	3.532 4	10	扬州市	3.362 3
11	扬州市	3.032 5	11	淮安市	3.308 7
12	徐州市	1.296 0	12	徐州市	3.032 2
13	盐城市	1.196 8	13	盐城市	2.972 6

表5－8　江苏13市中小企业金融生态条件维度指标统计描述

	N	最小值	最大值	均值	标准差	方差
运营资金维度	13	1.196 8	7.143 4	4.058 1	1.649 4	2.720 5
企业融资维度	13	2.972 6	7.546 0	4.747 0	1.522 4	2.317 8
有效的 N(列表状态)	13					

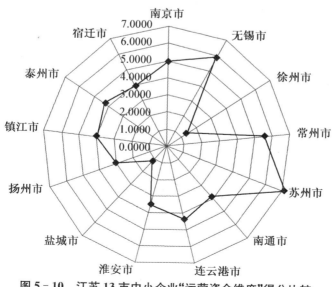

图5－10　江苏13市中小企业"运营资金维度"得分比较

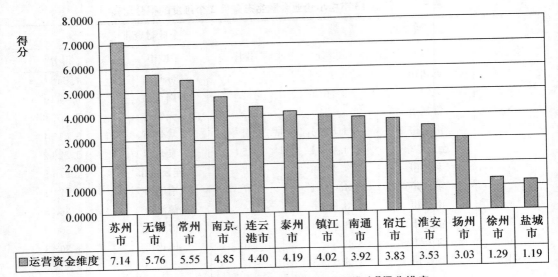

图 5-11　江苏 13 市中小企业"运营资金维度"得分排序

进一步分析运营资金维度的各生态影响因子，可以发现，苏南各市的问卷调查指标的得分普遍领先，在"产成品库存"、"流动资金"、"投资计划"方面的得分都高于苏中和苏北；在"规模以上工业企业流动资产"、"应收账款"和"年末单位存款余额"这 3 个统计指标上，苏中和苏北的得分相对苏南普遍偏低。得分最高的是苏州市，3 个统计指标的得分几乎都是盐城市的 10 倍。

苏北的宿迁市虽然在问卷调查指标"应收货款"上的得分位居全省第 1，但在统计局的统计指标"规模以上工业企业应收账款"的得分却列全省最后。是不是因为苏北中小企业经营者的切身感受与上报给统计部门的数据存在差异？还有待进一步探究。

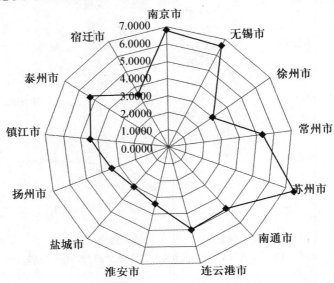

图 5-12　江苏 13 市中小企业"企业融资维度"得分比较

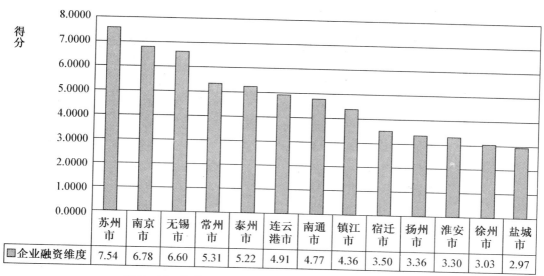

	苏州市	南京市	无锡市	常州市	泰州市	连云港市	南通市	镇江市	宿迁市	扬州市	淮安市	徐州市	盐城市
企业融资维度	7.54	6.78	6.60	5.31	5.22	4.91	4.77	4.36	3.50	3.36	3.30	3.03	2.97

图5-13　江苏13市中小企业"企业融资维度"得分排序

如前分析(表5-8),"企业融资维度"的离散程度比较高,标准差为1.5224,表明地区间企业融资状况有较大差距。图5-13表明,苏州、南京、无锡、常州4个市列这个维度得分的前4位,而徐州和盐城市仍然列最后2位。

苏南地区企业融资维度得分高,主要是因为苏南地区在年末金融机构贷款余额、票据融资和短期、中长期贷款的统计指标上得分较高;苏中地区虽然在某些调查指标上得分领先苏南,但领先的幅度不大,因此整体上还是落后于苏南。这3个统计指标的得分表明,苏中地区中小企业的融资能力与苏南仍有一定差距。

从生产和市场的生态条件各维度看,苏中与苏南地区没有明显差距,有些指标甚至领先于苏南,但在金融生态条件方面,苏中与苏南的差距变得较为明显,苏中地区中小企业金融生态环境的改善任重道远。

5.1.4　江苏13市中小企业政策生态条件的比较

中小企业的政策生态条件由"政策支持维度"和"企业负担维度"构成。表5-9显示,这2个维度上,苏北的宿迁和连云港分别列"政策支持维度"得分第1位、第2位;苏北的盐城和宿迁在"企业负担维度"的得分名列第1位和第4位。这3个苏北城市的得分靠前,说明当地中小企业切实感受或分享到政策倾斜和扶持的红利。

宿迁市在"政策支持维度"得分居第1位的主要原因,是在"主要原材料及能源购进价格"和"获得融资"2个问卷调查指标,以及"一般公共服务财政预算支出占GDP"和"社会保障和就业财政预算支出占GDP"2个统计指标上都得到较高分数。

但连云港的情况似乎是个例外,在"政策支持维度"的得分排第2位,"企业负担维度"得分却落在倒数第2位。这一结果意味着政策红利并没有降低企业负担? 如前判断,可能是连云港中小企业家的主观感受与统计数据存在较大差异所致。还有同样处在苏北的徐州市,在这2个维度的得分上都居末位(表5-9)。主要原因是徐州"主要原材料和能源购进价格"和"获得融资"2项问卷调查类指标的得分过低,列全省最后,在统计指标"从业人数占总人口的比例"的得分也居后。

表5-9　江苏13市中小企业政策生态条件维度得分比较

政策支持维度			企业负担维度		
排序	城市	得分	排序	城市	得分
1	宿迁市	6.685 3	1	盐城市	7.184 0
2	连云港市	6.299 3	2	镇江市	6.859 3
3	泰州市	5.976 7	3	扬州市	6.127 8
4	常州市	5.683 2	4	宿迁市	5.622 1
5	南通市	5.652 1	5	南通市	4.835 4
6	淮安市	5.381 6	6	泰州市	4.733 7
7	苏州市	5.174 8	7	南京市	4.016 5
8	盐城市	4.790 6	8	常州市	4.009 0
9	镇江市	4.692 7	9	淮安市	3.740 4
10	南京市	3.911 4	10	无锡市	3.645 4
11	扬州市	3.372 9	11	苏州市	3.589 5
12	无锡市	3.227 0	12	连云港市	3.012 2
13	徐州市	2.844 3	13	徐州市	2.754 2

表5-10所示,13市的"政策支持维度"和"企业负担维度"的标准差都比较小。"企业负担维度"是1个负指标,表明在这个维度上得分越高地区的企业负担越小。统计描述显示,该维度最高得分为7.184 0,属于较高得分,但标准差也达到1.429 3,表明13市中小企业在企业负担维度上的离散程度较大。

表5-10　江苏13市中小企业政策生态条件维度指标统计描述

	N	最小值	最大值	均值	标准差	方差
政策支持维度	13	2.844 3	6.685 3	4.899 4	1.230 9	1.515 0
企业负担维度	13	2.754 2	7.184 0	4.625 3	1.429 3	2.042 9
有效的N(列表状态)	13					

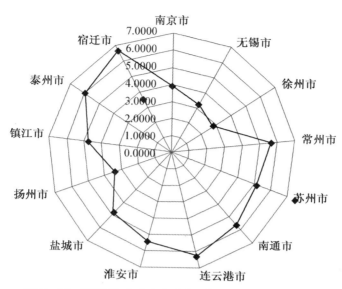

图 5-14 江苏 13 市中小企业"政策支持维度"得分比较

进一步比较政策生态条件的各影响因子,可以看到,苏南、苏中和苏北三地区在问卷调查类指标上得分差距不大,但统计类指标得分表明,在"一般公共服务财政预算支出占GDP"和"社会保障和就业财政预算支出占GDP"方面,苏北地区的表现更好一些,得分排名大多靠前,苏中地区居中,苏南地区最低。但在"从业人数占总人口的比例"方面,苏中地区最高,苏南居中,苏北最低。

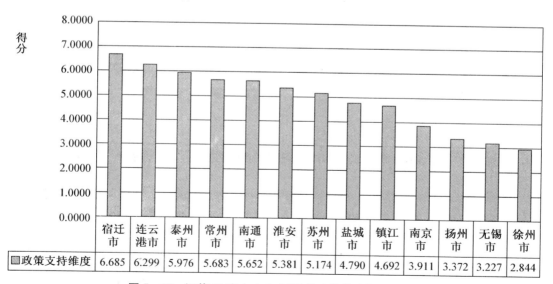

	宿迁市	连云港市	泰州市	常州市	南通市	淮安市	苏州市	盐城市	镇江市	南京市	扬州市	无锡市	徐州市
政策支持维度	6.685	6.299	5.976	5.683	5.652	5.381	5.174	4.790	4.692	3.911	3.372	3.227	2.844

图 5-15 江苏 13 市中小企业"政策支持维度"得分排序

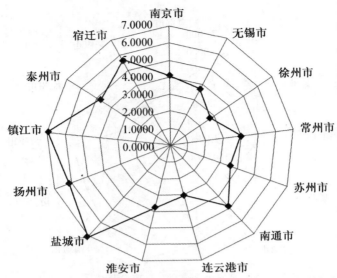

图 5-16　江苏 13 市中小企业"企业负担维度"得分比较

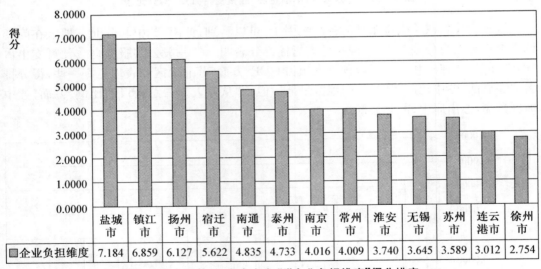

	盐城市	镇江市	扬州市	宿迁市	南通市	泰州市	南京市	常州市	淮安市	无锡市	苏州市	连云港市	徐州市
■企业负担维度	7.184	6.859	6.127	5.622	4.835	4.733	4.016	4.009	3.740	3.645	3.589	3.012	2.754

图 5-17　江苏 13 市中小企业"企业负担维度"得分排序

　　"企业负担维度"是一个负指标,得分越高代表企业的实际负担越小。盐城市在"企业负担维度"上的得分全省最高,但其他维度指标上得分都处于相对落后的位置,在"税收负担"和"行政收费"2 项问卷调查指标的得分上,盐城都是全省最高,而统计指标没有显示出同样特征。考虑到这次样本构成更倾向于小微企业,统计指标更倾向于规模以上企业的实际,出现这种现象,可能是盐城在中小微企业政策支持方面的力度更大一些。

　　徐州市在企业负担维度上仍然列最后一位。统计数据显示,2013 年徐州市的"城镇居民可支配收入"达到 38 999 元,列苏州、南京之后,居江苏省的第 3 位,这意味着人工成本会随着可支配收入的增加而上升,从而增加企业负担;且徐州市在"行政事业性收费收入占 GDP"的得分也较低,意味着较高的行政收费也有可能增加企业负担。

连云港市企业负担维度得分列倒数第 2 位。在问卷调查指标"行政收费"和统计指标"行政事业性收费收入占 GDP"2 个指标的得分上,连云港市均列最后 1 位,这也显示出调查指标与统计指标具有内在的一致性。

5.2　江苏中小企业生态环境的区域特征评价

长期以来,江苏三个地区的经济发展不均衡问题一直存在。苏南地区经济发展在我国改革开放的初期就已经处于全国的前列,"苏南模式"最具代表性,凝练成苏南地区"乡镇企业"独特的和富有活力的生产经营模式。如今,苏南地区的中小企业已经相当成熟,许多企业通过产业升级,发展成为大中型企业或当地的"龙头企业",区域经济优势非常突出,以致近年来全国经济十强县有一半以上在苏南地区。

表 5 - 11　江苏三地区中小企业生态条件维度得分的比较

维度指标	苏南	苏中	苏北
经营状况维度	6.197 4	6.314 6	4.548 6
企业发展维度	5.125 9	4.627 2	3.973 6
产品供给维度	5.737 9	5.667 6	4.357 9
资源需求维度	5.388 6	5.139 8	5.064 8
运营资金维度	5.467 1	3.719 2	2.852 6
企业融资维度	6.123 6	4.454 2	3.546 0
政策支持维度	4.537 8	5.000 6	5.200 2
企业负担维度	4.423 9	5.232 3	4.462 6
平均	5.375 3	5.019 4	4.250 8

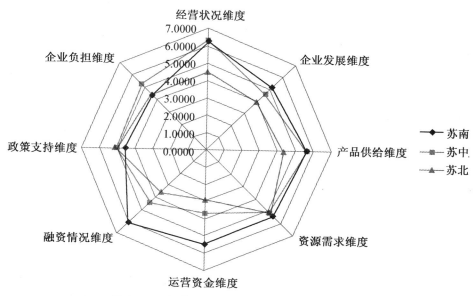

图 5 - 18　江苏三地区中小企业生态环境的比较

苏中地区经济发展势头强劲,正在努力地追赶苏南,一些产业已经脱颖而出,竞争优势日益显现;苏北地区的经济发展虽然在整体上滞后于苏南和苏中地区,但近年凭借后发优势、政策扶持以及一些重点项目的引进,也在加快加速发展,其中一些速度类指标已经赶上甚至超过苏南,特别是苏北的中小企业,表现出了比苏南、苏中地区更加积极的姿态,正努力赶超苏中和苏南地区。

表5-11将2014年江苏中小企业生态环境评价的8个维度指标进行地区比较,并对苏南、苏中和苏北三地区中小企业生态环境进行较为直观的比较(图5-18)。可以看出,苏南地区依靠其经济基础和经济总量上的优势,有5个维度指标得分高于苏中、苏北地区,其中,以"运营资金维度"、"企业融资维度"2个评价指标最为突出,与苏中和苏北的分差最大,说明金融生态条件是中小企业生态环境优劣的决定性因素。

苏中地区各维度的评价相对较为均衡,8个维度得分形成的8边形面积小于苏南且大于苏北,说明苏中地区中小企业生态环境稍弱于苏南,但强于苏北。

苏北地区除政策支持维度外,各维度指标都弱于苏南、苏中地区(8边形面积最小),既显示出苏北地区经济金融相对滞后的现状,也反映出在政策扶持方面,苏北地区力度较大。

5.2.1 苏南:经济金融优势,政策生态短板

如前所述,苏南地区依靠其经济基础、经济总量和金融市场的优势,生产、市场、金融5个生态条件维度指标的得分均超过苏中和苏北地区,经营状况维度得分稍低于苏中,高于苏北。尤其是"运营资金维度"和"企业融资维度"2个指标的得分更为突出,说明金融生态环境对一个地区的经济发展起到十分积极的关键性作用。值得关注的是,在"企业发展维度"上,苏南地区的得分最高,该指标涉及企业投资计划、新产品开发、专利授权数量等。显示出苏南地区实体经济与金融市场相互支持和共同发展的良好态势。

但苏南地区在政策生态条件维度指标上得分最低,在"政策支持"和"企业负担"2个维度的得分都明显低于苏中和苏北地区,究其原因,是"一般公共服务财政预算"和"社会保障和就业财政预算"占GDP比重的得分低,拖了后腿,成为制约苏南地区中小企业发展的短板。相对而言,苏南地区各市财政状况好于苏中和苏北,这将有助于地方政府推进扶持中小企业成长的政策创新,如果能在这方面开拓思路和加大力度,有助于保持苏南地区良好的发展势头。

5.2.2 苏中:整体发展较均衡,金融生态短板

苏中地区各维度指标的得分都较为均衡,整体上稍低于苏南,而高于苏北地区(表5-11和图5-18)。其中,"经营状况维度"得分最高,"产品供给维度"、"资源需求维度"、"政策支持维度"、"企业负担维度"的得分都在5分以上,虽然稍低于苏南,但大多指标得分超过苏北。进一步比较可以看到,一些生态条件影响因子,如企业综合生产经营状况、生产总量、盈利变化、产品营销等问卷调查指标的得分上,苏中地区均高于苏南和苏北地区。与苏南地区所不同的是,苏中地区的政策生态条件维度得分较高,综合对比后可看出,苏中的中小企业生态环境已经呈现"生产加速"与"政策扶持"同步并行的特征。

但数据显示,苏中地区在"运营资金维度"和"企业融资维度"2个指标的得分均低于苏南,"企业发展维度"的得分也低于苏南,表明金融生态条件的相对劣势是制约苏中地区

中小企业生态环境优化和完善的短板。

5.2.3　苏北:政策生态较优,发展基础短板

一直以来,苏北地区是江苏省经济发展相对滞后的区域,近年来得益于后发优势和政策扶持,苏北地区的发展开始加速,自 2010 年开始,苏北地区 GDP 增长速度就已经超过了苏南、苏中地区。

苏北地区中小企业产值占该地区 GDP 比重高于苏南、苏中地区,但在总体规模上,苏北地区较苏南、苏中地区仍有很大差距。图 5-18 显示,苏北地区的"资源需求维度"和"政策支持维度"得分较高,都超过了 5.0 分;在"人工成本"和"资产贡献率"方面有一定的优势;苏北地区在"政策支持维度"的一些生态条件影响因子,如"一般公共服务财政预算"和"社会保障和财政预算"占 GDP 的比重方面的得分也相对高于其他地区。

与苏中地区较为相似的是,苏北地区在"运营资金维度"和"企业融资维度"2 个金融生态条件指标,以及"企业发展维度"生产生态条件指标的得分全省最低,"产品供给维度"也是低分,其原因是在劳动力需求、流动资金、固定资产投资、新产品开发等方面得分均相对较低。综上所述,可以概括苏北地区中小企业整体发展特征是:资源需求程度高、政策扶持力度大,企业发展和金融生态条件相对较弱,即经济和金融的基础弱成为制约苏北地区中小企业健康发展的短板。也说明,以夯实经济和金融发展基础为重点,优化和完善苏北地区中小企业的生产、市场、金融生态条件,是苏北地区的努力方向。

5.3　江苏 13 市中小企业生态环境的城市特征评价

5.3.1　综合评价

表 5-12 显示,2014 年江苏省 13 市中小企业生态环境的 8 个维度得分较为均匀,最高与最低的得分没有超过 2.5 个维度评价分。

表 5-12　江苏 13 市中小企业生态环境综合评价得分一览

序号	城市	得分	排序
1	南京市	5.041 6	7
2	无锡市	5.395 9	3
3	徐州市	3.636 1	13
4	常州市	5.567 4	2
5	苏州市	6.064 3	1
6	南通市	5.089 2	6
7	连云港市	5.158 1	5
8	淮安市	4.693 3	9
9	盐城市	3.720 4	12
10	扬州市	4.686 9	10
11	镇江市	4.807 1	8
12	泰州市	5.282 1	4
13	宿迁市	4.045 9	11

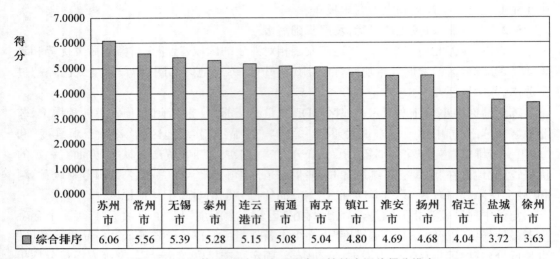

图 5－19　江苏 13 市中小企业生态环境综合评价得分排序

　　表 5－12、图 5－19 显示，江苏省传统的三强市"苏、锡、常"综合生态环境评价得分列前 3 位，其中苏州第 1 位，常州第 2 位，无锡第 3 位；第 4 和第 5 位分别是泰州和连云港；宿迁市、盐城市、徐州市列最后 3 位。

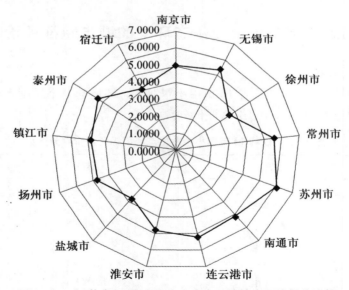

图 5－20　江苏省 13 市中小企业生态环境综合评价得分比较

表 5－13　江苏 13 市中小企业生态环境综合评价的统计描述

	N	最小值	最大值	均值	标准差	方差
综合平均	13	3.636 1	6.064 3	4.860 7	0.713 6	0.509 2
有效的 N（列表状态）	13					

由表 5-13 可知,江苏 13 市中小企业生态环境综合评价得分的维度指标标准差只有 0.713 6。图 5-19 也表明,13 个城市综合维度指标的离散程度不大,各市之间较均匀。排序后 3 位的徐州、盐城和宿迁,是标准差最大的 3 个市,表明这 3 个市的指标离散程度较大。

表 5-14 江苏省 13 市中小企业生态环境统计描述

地区 \ 统计指标	N	最小值	最大值	均值	标准差	方差
南京市	8	3.911 4	6.785 1	5.041 6	0.923 5	0.852 8
无锡市	8	3.227 0	6.705 9	5.395 9	1.307 0	1.708 3
徐州市	8	1.296 0	5.776 3	3.636 1	1.570 2	2.465 6
常州市	8	4.009 0	6.898 8	5.567 4	0.796 0	0.633 6
苏州市	8	3.589 5	7.546 0	6.064 3	1.308 6	1.712 4
南通市	8	3.927 3	6.308 5	5.089 2	0.761 8	0.580 3
连云港市	8	3.012 2	6.299 3	5.158 1	1.056 7	1.116 5
淮安市	8	3.308 7	5.962 6	4.693 3	1.008 8	1.017 7
盐城市	8	1.196 8	7.184 0	3.720 4	1.872 9	3.507 6
扬州市	8	3.032 5	6.189 5	4.686 9	1.358 6	1.845 8
镇江市	8	3.149 4	6.859 3	4.807 1	1.141 8	1.303 8
泰州市	8	4.197 6	6.525 7	5.282 1	0.799 3	0.638 9
宿迁市	8	2.204 6	6.685 3	4.045 9	1.537 6	2.364 3
有效的 N(列表状态)	8					

5.3.2 南京市中小企业生态环境综合评价

2014 年南京市中小企业景气指数为 106.0,列全省第 9 位。而南京市中小企业生态环境综合评价得分 5.041 6,列全省第 7 位,8 个生态环境条件维度得分的标准差为 0.923 5(表 5-14),表明南京中小企业生态环境的各维度指标离散程度较低。

从几个指标的特征来看,"企业融资维度"得分列全省第 2 位,表明南京中小企业整体的金融环境较好,其中"票据融资"得分列全省第 1 位,"年末金融机构贷款余额"、"短期、中长期单位经营贷款"都仅次于苏州位居全省第 2 位,如果按经济总量进行平均,这项指标会高于苏州;南京的"运营资金维度"、"资源需求维度"得分排序均靠前,"年末单位存款余额"得分同样列全省前列。显然,南京与金融相关的维度得分都排名靠前,表明南京中小企业融资环境较好。

再看南京市中小企业生产经营态势,其中"经营状况维度"得分排在全省第 11 位,原因是问卷调查指标"产能过剩"得分过低,列全省最后;还有"规模以上中小企业工业总产值占比"得分也落在全省倒数第 2 位。但"批发、零售和住宿、餐饮业总额"得分列全省第 2 位,表明南京中小企业中服务型企业有一定优势。

表 5 - 15　南京市中小企业生态条件维度得分和排序

生态条件	维度	得分	排序
生产	经营状况维度	5.367 6	11
	企业发展维度	4.615 3	7
市场	产品供给维度	5.268 6	9
	资源需求维度	5.517 2	5
金融	运营资金维度	4.851 1	4
	企业融资维度	6.785 1	2
政策	政策支持维度	3.911 4	10
	企业负担维度	4.016 5	7

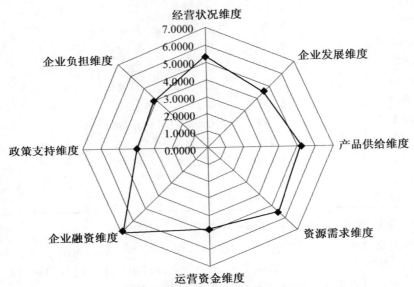

图 5 - 21　南京市中小企业生态环境评价各维度得分

南京的"政策支持维度"得分列全省第 10 位,排序较后,主要是因为南京在"一般公共服务财政预算支出占 GDP"、"社会保障和就业财政预算支出占 GDP"上得分较低,在"从业人数占总人口比例"上得分列全省最后一位。

图 5 - 21 显示,南京市各个维度得分尚属平均,在"企业融资"维度上得分稍高,短板主要在"政策支持"、"企业负担"维度上,若能发挥金融对整体经济的提升作用,则有助于整体经济的发展。

5.3.3　无锡市中小企业生态环境综合评价

2014 年度无锡市中小企业景气指数为 111.1,列全省第 4 位。生态环境综合评价得分为 5.395 9,列全省第 3 位;8 个生态条件维度指标标准差为 1.307 0(表 5-14),表明无锡的维度指标离散程度稍高。无锡市中小企业生态环境综合评价得分较高的原因,是有 4 个维度指标列全省的第 2 位,1 个列第 3 位,除了"政策生态条件"的 2 个维度得分稍低外,其余维度得分排序均靠前,这些都表明无锡中小企业生态环境较好。

表 5 - 16　　无锡市中小企业生态条件维度指标得分和排序

生态条件	维度	得分	排序
生产	经营状况维度	6.705 9	2
	企业发展维度	5.810 5	2
市场	产品供给维度	6.206 9	2
	资源需求维度	5.199 4	7
金融	运营资金维度	5.764 5	2
	企业融资维度	6.607 9	3
政策	政策支持维度	3.227 0	12
	企业负担维度	3.645 4	10

　　无锡市在"经营状况维度"、"企业发展维度"、"产品供给维度"、"运营资金维度"的排序均列全省第 2 位,在"企业融资维度"列全省第 3 位,显示出无锡市中小企业的整体生态环境较为适宜。但是从指标构成来看,无锡市领先在于其整体水平处于较高水平,并没有特别突出的指标。在本评价体系的 62 个指标中,无锡市仅在"投资计划"上得分列全省第 1,但其"企业综合生产经营状况"、"新产品开发"以及相关的调查类指标,"亿元以上商品交易市场商品成交额"、"年末单位存款余额"等统计类指标的得分均位于全省前列。

　　无锡市"政策生态条件"的 2 个维度指标"政策支持维度"、"企业负担维度"均处于全省倒数的位置,与其他指标居前的情况形成了鲜明的对比。主要是因为"一般公共服务财政预算支出占 GDP"、"社会保障和就业财政预算支出占 GDP"、"企业所得税占 GDP 比重"、"城镇居民可支配收入"等几个指标得分过低。

　　图 5 - 22 显示,无锡市除了"政策生态条件"的 2 个维度之外,其他各个维度上得分都较高、较均匀。因此有必要改善"政策支持"、"企业负担"这 2 块短板,制定相关的政策措施,带动整体经济的提升。

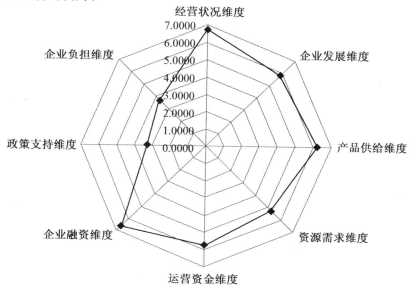

图 5 - 22　无锡市中小企业生态环境评价各维度得分

5.3.4 徐州市中小企业生态环境综合评价

2014年徐州市中小企业景气指数为103.9,列全省第11位;生态环境综合评价得分为3.6361,列全省第13位,为全省最低;生态条件8个维度指标标准差为1.5702(表5-14)。显示徐州市生态条件维度指标的离散程度较高。

表5-17显示,徐州市只有1个生态条件维度指标得分列全省第6位,其余均列第10位之后,有2个生态条件维度指标得分列全省最后。从图5-19可以看出徐州市与其他城市之间存在明显的差距,其中,"产品供给维度"得分列全省第6位,这还是徐州市在8个生态条件维度指标得分中排名最前的1个维度指标,表明徐州在产品供给方面相对好一些,且问卷调查指标"营销费用"和统计指标"规模以上工业企业产品销售率"得分均列全省第1位,其他的营销类指标得分也都比较高,问卷调查指标"实际产品销售"、"产品销售价格"得分也相对较高。

表5-17显示,徐州中小企业金融生态条件两个维度指标得分都排在第12位,政策生态条件两个维度指标得分排在第13位,突出说明徐州中小企业生态环境评价得分低的主要原因,是金融生态条件和政策生态条件明显落后,成为徐州中小企业成长和发展(企业发展维度得分排第12位)的最大瓶颈,也突出表明徐州中小企业生态环境的改善,取决于金融生态条件和政策生态条件的改善。

表5-17 徐州市中小企业生态条件维度指标得分和排序

生态条件	维度	得分	排序
生产	经营状况维度	5.7763	10
	企业发展维度	3.0208	12
市场	产品供给维度	5.5503	6
	资源需求维度	4.8152	11
金融	运营资金维度	1.2960	12
	企业融资维度	3.0322	12
政策	政策支持维度	2.8443	13
	企业负担维度	2.7542	13

进一步分析,徐州中小企业金融生态条件维度得分低,是"企业发展"、"运营资金"、"企业融资"3个维度指标得分均列全省第12位;在"企业发展维度"下的"流动资金"得分也是全省最低,且问卷调查指标的"投资计划"和统计指标的"私营个体经济占新增固定资产投资比例"的得分均在全省靠后水平;在"运营资金维度"下的问卷调查指标"应收货款"得分为全省第12位,统计指标"规模以上工业企业应收账款"和"年末单位存款余额"得分虽高于苏北地区其他城市,但仍为全省较低的水平;在"企业融资维度"下,问卷调查指标"获得融资"得分在全省最后,统计指标"年末金融机构贷款余额"、"票据融资"、"短期、中长期单位经营贷款"的得分都列全省较后的位置;还有"资源需求维度"得分列全省第11位,调查指标"主要原材料及能源购进价格"得分列全省最后;虽然"劳动力需求"得分较高,但"人工成本"的得分拉低了整体得分;以及余下指标都处于相对较低的水平。通过这些比较,可以看出,要改善徐州中小企业的金融生态环境,应从这些得分低的维度指标着

手,对症下药,有的放矢,研究和出台有针对性的金融支持措施。

从政策生态条件看,徐州中小企业的"政策支持"和"企业负担"维度得分最低,源于"主要原材料及能源购进价格"和"获得融资"2 个问卷调查指标得分列全省最后,且统计指标"一般公共服务财政预算支出占 GDP"和"社会保障和就业财政预算支出占 GDP"的得分列苏北地区最后;在"企业负担维度"下的问卷调查指标"人工成本"和统计指标"城镇居民可支配收入"的得分也列全省第 12 位。可见,在人工成本上徐州市中小企业的负担确实较重;而在行政收费方面,调查指标与统计指标都显示出了一致的结果,徐州市均排在全省最后。针对这些突出问题的分析表明,徐州在改善中小企业的政策生态条件方面,同样需要加大针对性和加大力度。

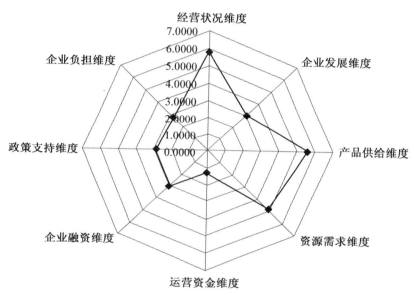

图 5-23 徐州中小企业生态环境评价各维度的得分

5.3.5 常州市中小企业生态环境综合评价

2014 年常州中小企业景气指数为 110.3,列全省第 5 位,生态环境综合评价得分为 5.567 4,列全省第 2 位,生态条件 8 个维度指标标准差为 0.796 0,表明常州市维度指标的离散程度相对较低(表 5-14)。

常州市有 2 个生态条件维度指标(经营状况维度和资源需求维度)得分列全省第 1 位;运营资金维度得分列第 3 位;得分列第 4 位的有企业发展维度、产品供给维度、企业融资维度和政策支持维度;"企业负担维度"得分列第 8 位(是常州市生态条件维度得分排序最后的 1 个指标)。总体看来,常州市中小企业的发展拥有一个相对较好的生态环境,整体发展水平较高(表 5-18)。

表 5 - 18　常州市中小企业生态条件维度指标得分和排序

生态条件	维度	得分	排序
生产	经营状况维度	6.898 8	1
	企业发展维度	5.457 2	4
市场	产品供给维度	5.700 2	4
	资源需求维度	5.923 7	1
金融	运营资金维度	5.551 8	3
	企业融资维度	5.315 1	4
政策	政策支持维度	5.683 2	4
	企业负担维度	4.009 0	8

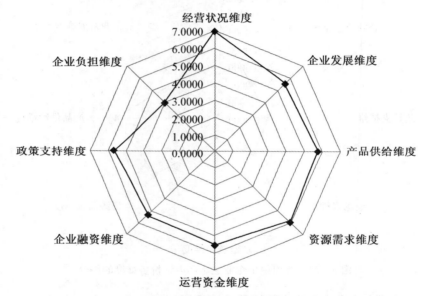

图 5 - 24　常州市中小企业生态环境评价各维度得分

图 5 - 24 显示,常州市各个维度上得分较均匀,"经营状况维度"得分较高,短板在"企业负担维度"(得分最低的一个指标)上。进一步分析,常州的"企业负担维度"下的税收性指标得分并不低,但问卷调查指标"行政收费"与统计指标"行政事业性收费收入占 GDP 比重"的得分是苏南地区各市最低的,这些数据表明,常州中小企业生态环境进一步优化和改善,取决于常州市政府在减少企业负担方面采取切实有效的措施,尤其"行政收费"问题,有待在广泛调研的基础上,通过相关政策措施的调整,尽可能将行政收费趋向合理水平。

值得称赞的是,常州的"经营状况维度"和"资源需求维度"指标得分列全省第 1 位,其原因是"经营状况维度"下的问卷调查指标"产能过剩"、"产成品库存"和"主要原材料及能源购进价格"得分为全省最高,表明常州的中小企业在产业转型、控制过剩产能方面卓有成效。

另外,常州"社会保障和就业财政预算支出占 GDP"得分最高;"一般公共服务财政预算支出占 GDP"得分列第 2 位。表明常州市政府在公共政策方面也取得值得称道的政绩。

5.3.6 苏州市中小企业生态环境综合评价

2014 年苏州市中小企业景气指数为 107.6,列全省第 7 位;生态环境评价得分为 6.064 3,列全省第 1 位;生态条件 8 个维度指标标准差为 1.308 6,表明苏州市维度指标的离散程度稍高(主要是政策生态条件得分偏低)。

苏州市有 4 个维度指标(企业发展维度、产品供给维度、运营资金维度和企业融资维度)得分列全省第 1 位,且得分都在 6.5 以上。

苏州中小企业综合景气指数并不高,在 13 市中仅排在第 7 位,其中苏州的金融景气指数排在第 3 位,还算是 4 个景气指数二级指标中最高的。但在生态环境评价中,苏州的多项生态条件指标得分表现十分优异,彰显苏州经济和金融的深厚底蕴。

一个重要的启示是,苏州金融生态条件两个维度得分最高,并且得分都在 7.1 以上,这为苏州中小企业生态环境评价第 1(8 个维度得分形成的 8 边形面积最大)奠定了坚实的基础。实为"金融生态定天下"。

苏州中小企业金融生态条件的优异表现源于"运营资金维度"下的 3 个统计指标"规模以上工业企业流动资产"、应收账款"和"年末单位存款余额"得分均居全省第 1 位;同时,在"企业融资维度"下的"年末金融机构贷款余额"、"票据融资"、"短期、中长期单位经营贷款"统计指标得分也都居全省第 1 位。显然,苏州中小企业拥有更佳的金融生态环境,是苏州市中小企业健康发展的强劲动力。

另外,苏州在"企业发展维度"下的调查指标"投资计划"和"新产品开发"得分均列全省第 2 位,"专利授权数量"和"私营个体经济固定资产投资"两个统计指标均列全省第 1 位,充分表明苏州市的中小企业比较注重企业的长期发展。

统计指标得分显示,苏州在"规模以上中小企业工业总产值"和"私营个体经济固定资产投资"的得分都是全省最高的,但这两个指标与当地 GDP 的占比却是全省得分最低的,说明目前苏州的产业结构中大中型企业优势明显,对 GDP 的贡献最大,而中小企业的规模占比较低。

表 5-19 苏州市中小企业生态条件维度指标得分和排序

生态条件	维度	得分	排序
生产	经营状况维度	6.100 5	6
	企业发展维度	6.596 9	1
市场	产品供给维度	7.017 8	1
	资源需求维度	5.345 6	6
金融	运营资金维度	7.143 4	1
	企业融资维度	7.546 0	1
政策	政策支持维度	5.174 8	7
	企业负担维度	3.589 5	11

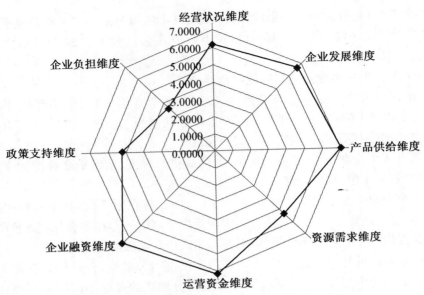

图 5-25　苏州市中小企业生态环境评价各维度得分

苏州还有一个表现突出的地方,即"从业人数占全部人口比例"得分是全省最高的,说明苏州中小企业在吸纳就业方面也做出了突出贡献。

但图 5-25 显示,苏州在"政策生态条件"的 2 个维度得分列全省第 7 位,"企业负担维度"得分列全省第 11 位。显然,这几个落后指标得分意味着苏州中小企业生态环境的短板在政策生态条件。企业负担得分低源于"企业所得税占 GDP 比重"和"城镇居民可支配收入"的得分都为全省最低,这 2 个指标都是负指标,实际数值越低,表明企业所承担的负担也越大。苏州在改善政策生态条件方面,可考虑从这两项指标入手,研究制定和出台切实可行的、可操作的措施。

5.3.7　南通市中小企业生态环境综合评价

2014 年南通市中小企业景气指数为 106.0,与南京市并列全省第 9 位。生态环境评价得分为 5.089 2,列全省第 6 位,生态条件 8 个维度指标标准差为 0.761 8,表明南通市维度指标的离散程度较小,表现较为均衡(表 5-14)。

表 5-20　南通市中小企业生态条件维度指标得分和排序

生态条件	维度	得分	排序
生产	经营状况维度	6.308 5	4
	企业发展维度	4.412 1	8
市场	产品供给维度	5.195 4	10
	资源需求维度	5.612 2	3
金融	运营资金维度	3.927 3	8
	企业融资维度	4.771 1	7
政策	政策支持维度	5.652 1	5
	企业负担维度	4.835 4	5

表 5-20 显示,从整体上看,南通市的各项维度指标均处于全省的中等水平,有 2 个维度指标(资源需求维度和经营状况维度)分别列全省的第 3、4 位,2 个指标(政策支持维度和企业负担维度)列第 5 位,其余指标相对较后。显示出南通市中小企业整体的生态环境在全省位居中游,但"产品供给维度"得分(排第 10)明显落后。

图 5-26 显示,南通市中小企业生态条件各维度得分较均衡,没有特别突出的,也没有特别落后的,经营状况维度得分稍高些。若要进一步优化和改善生态环境,还需在企业发展、企业融资、运营资金、企业负担等方面着手研究有针对性的政策措施。

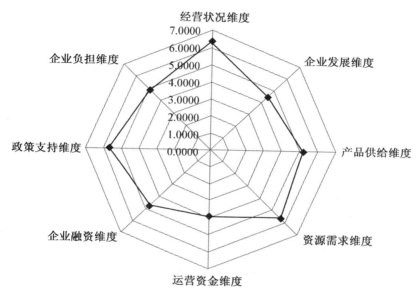

图 5-26 南通市中小企业生态环境评价各维度得分

表 5-20 显示,南通中小企业市场生态条件的"资源需求维度"得分列全省第 3 位,而在原材料供应、劳动力需求、融资需求等调查类指标方面得分都不算低;"经营状况维度"得分和统计指标"规模以上中小企业工业总产值"得分均列第 2 位,仅次于苏州;而统计指标"私营个体工商户户数"得分列全省第 1 位,表明南通市的中小企业在数量上占优;统计指标"私营个体经济占新增固定资产投资比例"得分也位居较前位置,表明南通私营个体经济不仅数量多,经营情况也相对较好。

南通市 2 个"政策生态条件"维度指标都列第 5 位。统计指标显示,目前南通市的"从业人数占总人口的比例"、"城镇居民可支配收入"得分都处在较高位置,问卷调查指标"获得融资"的得分较高,表明南通市无论政府还是银行都能积极扶持中小企业的发展。但"企业综合生产经营状况"和"人工成本"的得分都较低,可能是因为高就业和高工资的现状,导致人工成本的上升,从而影响到企业的经营绩效。

南通市中小企业"产品供给维度"得分列全省第 10,排序靠后,但从构成看不出南通市有明显落后的指标,相关指标普遍处于比较低的水平。南通市有全国著名的纺织品交易市场、全省最大的水产交易市场和机电交易市场,南通市政府也将促进商品交易市场建设作为一项重要的工作,但统计指标显示,南通在"亿元以上商品交易市场商品成交额"的得分上并没有领先,各营销类的调查数据也落后于苏南地区。

5.3.8 连云港市中小企业生态环境综合评价

2014年连云港市中小企业景气指数为109.8,列全省第6位;生态环境评价得分为5.1581,列全省第5位;生态条件8个维度指标标准差为1.0567,表明连云港市维度指标的离散程度较低(表5-14),各指标得分较为均衡。

连云港市有2个维度指标(资源需求维度和政策支持维度)得分列全省第2位,1个(企业发展维度)列第3位,1个(企业负担维度)列第12位,其余均处于中等水平(表5-21)。

连云港的"资源需求维度"得分列全省第2位的原因是"劳动力需求"、"获得融资"和"融资成本"的三项调查类指标上得分较高,而统计指标"私营个体工商户户数"得分又是全省最低的。

表5-21　连云港市中小企业生态条件维度指标得分和排序

生态条件	维度	得分	排序
生产	经营状况维度	6.0792	7
	企业发展维度	5.5202	3
市场	产品供给维度	5.3579	7
	资源需求维度	5.6731	2
金融	运营资金维度	4.4061	5
	企业融资维度	4.9165	6
政策	政策支持维度	6.2993	2
	企业负担维度	3.0122	12

连云港的"政策支持维度"得分也列全省第2位,这主要得益于问卷调查指标"获得融资"得分以及统计指标"一般公共服务财政预算支出占GDP"、"社会保障和就业财政预算支出占GDP"上得分较高。

连云港的"企业发展维度"得分列全省第3位,这是因为"流动资金"和"劳动力需求"得分较高,在"投资计划"方面得分也相对较高,但"专利授权数量"的得分列全省最后。

连云港的"企业负担维度"得分列第12位,这是因为连云港"税收负担"、"行政收费"2个调查指标和"行政事业性收费收入占GDP比重"统计指标的得分都是全省最低的,调查指标与统计指标再次显示出一致性,表明连云港市确实有必要在降低行政收费方面有所作为,及时研究制定有益于中小企业发展的行政收费政策。

图5-27显示,除"企业负担"外,连云港市在各个维度指标的得分上比较均匀,在苏北地区领先,有些指标的得分较高。在"企业发展"、"资源需求"、"政策支持"3个维度上得分居全省前列,表明连云港市中小企业的生态环境优于苏北其他城市,连云港政府扶持中小企业发展的力度较大。短板主要在"企业负担"和金融生态条件维度上,若能切实地减少"行政收费",努力优化金融生态条件,将有利于连云港中小企业生态环境的营造和改善。

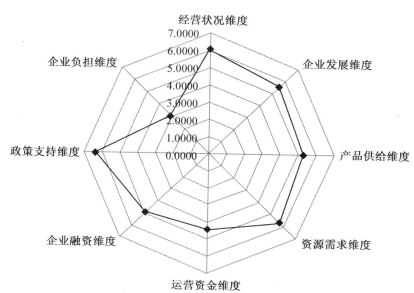

图 5 - 27 连云港市中小企业生态环境评价各维度得分

5.3.9 淮安市中小企业生态环境综合评价

2014年淮安市中小企业景气指数为111.2,列全省第3位;生态环境综合评价得分为4.6933,列全省第9位;生态条件8个维度指标标准差为1.0088,显示淮安市维度指标的离散程度整体偏低(表5-14)。

淮安市中小企业生态条件维度评价得分整体上位居江苏13市的靠后水平:企业发展维度指标得分列全省的第5位,政策支持维度得分列第6位,金融生态条件的2个维度得分都列在第10位之后,其余的维度得分在第8位或第9位(表5-22)。与苏北地区的城市相比较,淮安市中小企业生态环境综合得分排序相对靠前。

淮安中小企业生态条件维度指标得分最高的是"企业发展维度",列全省第5位,这得益于"劳动力需求"和"新产品开发"2个问卷调查指标得分高,并位居全省最高;但因统计指标"专利授权数量"和"私营个体经济固定资产投资"得分过低而受到影响。另外,淮安问卷调查指标"人工成本"的得分较低,结合统计指标"城镇居民可支配收入"得分看,淮安的收入水平在苏北地区仅次于徐州,而大幅度地高于宿迁,其"人工成本"得分也是接近于徐州,而远高于宿迁。

表 5 - 22 淮安市中小企业生态条件维度指标得分和排序

生态条件	维度	得分	排序
生产	经营状况维度	5.9626	8
	企业发展维度	5.3422	5
市场	产品供给维度	5.2928	8
	资源需求维度	4.9858	9
金融	运营资金维度	3.5324	10
	企业融资维度	3.3087	11
政策	政策支持维度	5.3816	6
	企业负担维度	3.7404	9

在"政策支持维度"方面,淮安的统计指标"一般公共服务财政预算支出占GDP比重"得分列全省第1位,"社会保障和就业财政预算支出占GDP比重"列第2位,可见淮安市的中小企业在享受政策支持方面还是比较充分的。"企业综合生产经营状况"的得分列全省第2位,表明淮安中小企业的管理者对企业经营状况相对乐观;但"从业人数占总人口比例"得分较低,即就业率相对其他城市较低。

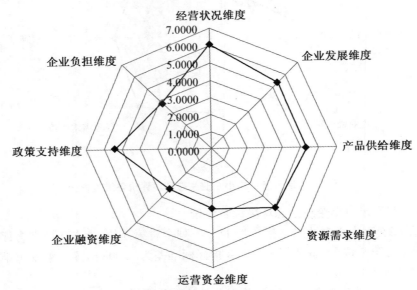

图5-28　淮安市中小企业生态环境评价各维度得分

淮安"金融生态条件"下的2个维度指标都列全省第10位之后,表明淮安中小企业生态环境评价得分落后的原因,主要是金融生态环境建设滞后的结果。比如:在统计指标"规模以上工业企业流动资产"上得分全省最低,在"年末单位存款余额"、"年末金融机构贷款余额"、"票据融资"、"短期、中长期单位经营贷款"等指标上,淮安市的得分均居很低的水平。

图5-28也表明,淮安在"经营状况"和"企业发展维度",以及"政策支持维度"的得分尚可,虽然在全省排名稍后,但多数指标得分较为均匀,有些指标的得分较高,优于苏北地区其他城市。其短板主要在金融生态和企业负担两方面。针对上述的短板,若能加大财政预算对基础设施的投入,加大优惠信贷等政策性金融支持的力度,切实减轻中小企业的税费负担等;努力完善金融生态条件,加大对中小企业政策倾斜的力度,都将有助于淮安中小企业的健康发展和生态环境的改善。

5.3.10　盐城市中小企业生态环境综合评价

2014年盐城市中小企业景气指数为97.1,列全省第12位;生态环境综合评价得分为3.720 4,列全省第12位;生态条件8个维度指标标准差为1.872 9,是本次评价中离散程度最高的城市(表5-14)。

盐城市中小企业生态条件的企业负担维度指标得分高达7.184,列全省第1位,而其他指标得分大幅靠后,资源需求维度和政策支持维度的得分并列第8位,其余指标得分均列全省第10位之后(表5-23)。显然,与其他城市相比,盐城市中小企业生态环境有较大差距。

表5-23 盐城市中小企业生态条件维度指标得分和排序

生态条件	维度	得分	排序
生产	经营状况维度	2.720 1	12
	企业发展维度	3.323 8	10
市场	产品供给维度	2.500 1	13
	资源需求维度	5.075 6	8
金融	运营资金维度	1.196 8	13
	企业融资维度	2.972 6	13
政策	政策支持维度	4.790 6	8
	企业负担维度	7.184 0	1

图5-29显示,盐城中小企业生态条件各维度上的离散程度很大,虽然大多指标得分在全省排名居后,但企业负担维度指标得分在全省排名第1位,这得益于问卷调查指标"税收负担"得分全省第2位,"行政收费"得分全省第1位(但"企业所得税占GDP比重"和"行政事业性收费收入占GDP比重"得分都位居全省中等水平);再有,由于盐城在"融资成本"、"人工成本"和"城镇居民可支配收入"上得分较高,综合起来看,这几个方面的原因是盐城市中小企业的经营成本较低以致企业负担较低的重要原因。

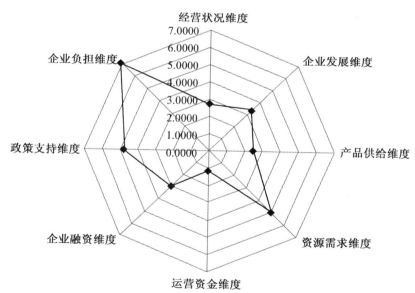

图5-29 盐城市中小企业生态环境评价各维度得分

盐城的"私营个体工商户户数"得分仅次于南通市列全省第2位,表明盐城市私营个体经济比较活跃,有较大发展空间。

值得关注的一个重点是盐城中小企业"产品供给"维度得分为全省最后,其原因主要是问卷调查指标"产能过剩"、"产成品库存"和统计指标"亿元以上商品交易市场商品成交额"的得分均列全省最后。另一个需要重点关注的是盐城中小企业金融生态条件两个维度指标的得分均列全省最后,其中运营资金维度指标仅得 1.1968 分(企业融资维度指标得分也很低,不到 3)。显然,盐城中小企业不但面临严重的产能过剩问题,还面临严重的流动性困境等金融隐患问题,这些问题成为盐城中小企业生态环境堪忧的关键因素,也是盐城在优化和改善中小企业生态环境方面需要努力应对的关键性问题。

5.3.11 扬州市中小企业生态环境综合评价

2014 年扬州市中小企业景气指数为 111.4,列全省第 4 位;生态环境综合评价得分为 4.6869,列全省第 10 位;景气指数与生态环境评价得分的排序出现较大差异。生态条件 8 个维度指标标准差为 1.3586,表明维度指标的离散程度较高(表 5-14)。

扬州市产品供给维度和企业负担维度的得分列全省第 3 位;生产生态条件的经营状况维度和企业发展维度的得分分别列第 5、6 位,其余指标得分均列第 10 位之后(表 5-24)。

表 5-24　扬州市中小企业生态条件维度指标得分和排序

生态条件	维度	得分	排序
生产	经营状况维度	6.1095	5
	企业发展维度	5.0638	6
市场	产品供给维度	6.1895	3
	资源需求维度	4.2368	13
金融	运营资金维度	3.0325	11
	企业融资维度	3.3623	10
政策	政策支持维度	3.3729	11
	企业负担维度	6.1278	3

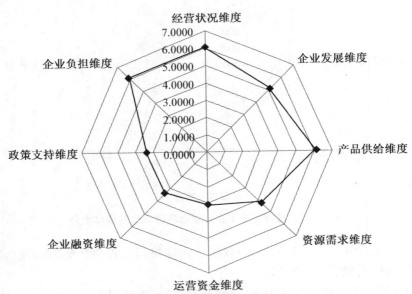

图 5-30　扬州市中小企业生态环境评价各维度得分

进一步分析,扬州"产品供给维度"得分列全省第 3 位,主要得益于营销类的调查指标得分较高,如在"新签销售合同"和"产品销售价格"2 项调查指标得分列全省第 1 位,但在"亿元以上商品交易市场交易成交额"上得分偏低。

另一个得分位居第 3 的指标是"企业负担维度",表明扬州市中小企业的负担相对较轻。但这个维度的各指标之间得分差距较大,比如:在"税收负担"和"行政收费"的得分都在全省的前列,其中"税收负担"得分全省最高,但"融资成本"和"人工成本"的得分又是全省最低的;"城镇居民可支配收入"得分位居全省第 9 位。

扬州中小企业"生产生态条件"下的"经营状况维度"、"企业发展维度"列全省第 5、6 位,处在中等偏上的位置。其中问卷调查指标"生产成本"得分全省最低,调查问卷上的 3 个有"成本"字样的指标,扬州都得了全省最低分。但对"企业综合生产经营状况"、"生产总量"的评价是最高的,"盈利变化"得分居全省第 2 位。

扬州中小企业"金融生态条件"下的"运营资金"、"企业融资"2 个维度得分列第 11、10 位,"融资需求维度"列全省最后。显然,扬州的金融生态条件明显落后于苏南和苏中其他城市,成为制约扬州中小企业成长和发展的主要短板。

扬州"私营个体工商户户数"得分较低,相对于经济总量和总人口数量,扬州市的私营个体户有些偏少,中小企业的发展不够充分,并且在"人工成本"、"融资成本"2 个成本指标的得分都列全省最后。

总之,图 5-30 显示,扬州市在各个维度上的离散程度很大,图中右上部尚可,左下部分(政策支持维度、企业融资维度、运营资金维度)明显偏弱,主要的短板在金融生态条件和政策生态条件两方面,若能够从这些维度着手,切实改善扬州市中小企业的生态环境,则有助于扬州中小企业的健康发展。

5.3.12　镇江市中小企业生态环境综合评价

2014 年镇江市中小企业景气指数为 107.3,列全省第 8 位;生态环境综合评价得分为 4.807 2,列全省第 8 位;生态条件 8 个维度指标标准差为 1.141 8(表 5-14),显示镇江市维度指标的离散程度稍高。

镇江市中小企业政策生态条件的企业负担维度得分列全省第 2 位,其他大多维度指标排序在第 10 位左右,这些是镇江中小企业生态环境综合评价得分居后的主要原因(表 5-25)。

图 5-31 显示,镇江市在各个维度上的离散程度很大,除在"企业负担维度"排序较前,在"运营资金维度"得分中偏后外,其他各个维度指标得分均处在中下游。

表 5-25　镇江市中小企业生态条件维度指标得分和排序

生态条件	维度	得分	排序
生产	经营状况维度	5.914 1	9
	企业发展维度	3.149 4	11
市场	产品供给维度	4.495 8	11
	资源需求维度	4.956 9	10
金融	运营资金维度	4.024 4	7
	企业融资维度	4.363 8	8
政策	政策支持维度	4.692 7	9
	企业负担维度	6.859 3	2

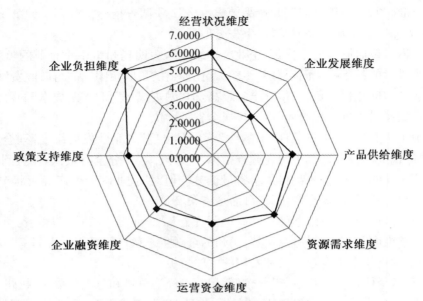

图 5-31　镇江市中小企业生态环境评价各维度得分

进一步分析,镇江市"企业负担维度"得分列全省第 2 位,是因为"税收负担"和"行政收费"得分都处在较低水平;同时,"城镇居民可支配收入"为全省最低,"人工成本"和"融资成本"的得分都位居全省前列。

在"产品供给维度",营销类调查指标"新签销售合同"、"实际产品销售"、"营销费用"的得分都较高,但"产品销售价格"得分却列全省最低,是何原因还有待进一步分析探究。

镇江市虽然属于苏南地区,但 GDP 列全省第 10 位,总人口列全省最后,若算总量指标难免落后。但在一些比重类指标上有必要引起重视,例如,统计指标"私营个体经济固定资产投资"得分列全省最后,"私营个体占新增固定资产投资比例"得分列全省倒数第 2 位,在"私营个体工商户户数"上镇江市低于多数苏北的城市。这些说明镇江在小微企业、私营个体经济方面应加大支持力度。

总之,从图 5-31 中可以明显看出,镇江除了经营状况维度(5.914 1)和企业负担维度(6.859 3)得分较高外,其他 6 个维度指标得分几乎都在 4 分上下,处在明显的相对弱势。表明镇江中小企业生态环境的改善,至少需要在这 6 个维度指标及相关生态条件影响因子上深入研究问题的成因,找出有针对性的解决方案。

5.3.13　泰州市中小企业生态环境综合评价

2014 年泰州市中小企业景气指数为 112.1,列全省第 1 位;生态环境综合评价得分为 5.282 1,列全省第 4 位;生态条件 8 个维度指标标准差为 0.799 3,表明泰州市维度指标的离散程度较低(表 5-14)。

泰州市中小企业生态条件各维度指标得分排序较均匀,基本处于中偏上的位置。经营状况维度和政策支持维度指标得分列全省第 3 位,资源需求维度指标得分列第 4 位,位居第 5 位或第 6 位的指标各 2 个,1 个指标得分列第 9 位(表 5-26)。表明泰州市中小企业生态环境的基础相对较好。

表 5 - 26　泰州市中小企业生态条件维度指标得分和排序

生态条件	维度	得分	排序
生产	经营状况维度	6.525 7	3
	企业发展维度	4.405 8	9
市场	产品供给维度	5.617 9	5
	资源需求维度	5.570 5	4
金融	运营资金维度	4.197 6	6
	企业融资维度	5.229 2	5
政策	政策支持维度	5.976 7	3
	企业负担维度	4.733 7	6

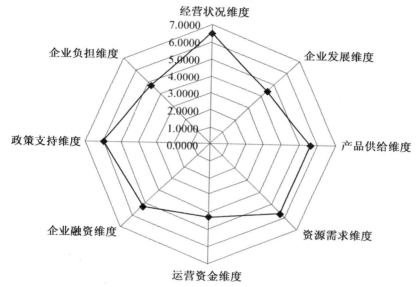

图 5 - 32　泰州市中小企业生态环境评价各维度得分

泰州的"经营状况维度"得分列全省第 3 位,是因为"盈亏变化"得分为全省最高分,在"规模以上工业企业的资产贡献率"上得分位居全省第 2,在"企业综合生产经营状况"和"生产总量"等指标上得分也都居全省第 2 位。

在"政策支持维度"上,泰州市得分在苏南、苏中地区是最高的,尤其在"一般公共服务财政预算支出占 GDP"、"社会保障和就业财政预算支出占 GDP"2 项财政预算类统计指标上,泰州市列苏中地区第 1 位;在"获得融资"方面列全省第 2 位。

在"金融生态条件"的 2 个维度上,泰州市整体上落后于苏南地区各市,在苏中地区列中等。统计指标显示,泰州市在"年末金融机构贷款余额"、"票据融资"、"短期、中长期单位经营贷款"等指标得分上落后于南通市,略好于扬州市。

泰州的"企业发展维度"列全省第 9 位,在调查指标"投资计划"、"新产品开发"和统计指标"专利授权数量"、"私营个体经济固定资产投资"方面,泰州市均相对落后,在"私营个体工商户户数"得分上泰州市也较落后。

需要指出的是,2014年泰州中小企业景气指数位居全省第1位,主要得益于"本行业总体运营状况"和"企业综合生产经营状况"两个指标得分高,这两个问卷调查指标是调查中小企业家对当前运行态势的主观判断,泰州大多中小企业家较乐观的预期提高了泰州的景气指数。而中小企业生态环境评价体系旨在衡量一个省区(或地区、城市)中小企业整体的生存发展环境,其生态环境的优劣取决于生产、市场、金融和政策四大生态条件以及8个维度的生态条件影响因子,实质上就是经济和金融基础条件以及政策扶持力度及有效性。在这些方面,泰州与苏州及苏南城市就有较大差距,也是泰州生态环境综合评价排名在苏州、常州和无锡三市之后的主要原因。

5.3.14　宿迁市中小企业生态环境综合评价

2014年宿迁市中小企业景气指数为92.9,列全省第13位;生态环境综合评价得分为4.045 9,列全省第11位;生态条件8个维度指标标准差为1.537 6,显示宿迁市维度指标的离散程度稍高(表5-14)。

宿迁市政策支持维度指标得分列全省第1位,企业负担维度指标得分列第4位,说明宿迁中小企业政策生态条件具有相对优势。但其余指标得分偏后,尤其是生产生态条件维度指标得分均排在全省的最后(表5-27)。

表5-27　宿迁市中小企业生态条件维度指标得分和排序

生态条件	维度	得分	排序
生产	经营状况维度	2.204 6	13
	企业发展维度	2.661 3	13
市场	产品供给维度	3.088 2	12
	资源需求维度	4.774 4	12
金融	运营资金维度	3.831 5	9
	企业融资维度	3.500 0	9
政策	政策支持维度	6.685 3	1
	企业负担维度	5.622 1	4

宿迁市属于江苏省经济发展相对滞后的城市,2013年GDP总量列全省最后。在本研究的生态环境综合评价体系的62个影响因子中,宿迁市有25个影响因子得分列全省最后1位。但同时,宿迁市有一个维度指标得分列全省第1位,有7个问卷调查指标(影响因子)列全省第1位。在领先的指标中,不仅有政策类指标,也有经营类的指标。

图5-33显示,宿迁市2个"政策生态条件"维度指标表现突出,但短板也十分突出,且有多块短板,比如"经营状况维度"、"企业发展维度"、"产品供给维度"、"企业融资维度"和"运营资金维度",集中体现在生产生态条件和金融生态条件亟待改善和优化。

宿迁"政策支持维度"列全省第1位。其中,问卷调查指标"主要原材料及能源购进价格"、"获得融资"和统计指标"社会保障和就业财政预算支出占GDP"的得分都列全省第1位,"一般公共服务财政预算支出占GDP"得分也列全省前列。

宿迁"企业负担维度"得分列第4位,这个维度下的"税收负担"和"行政收费"得分并

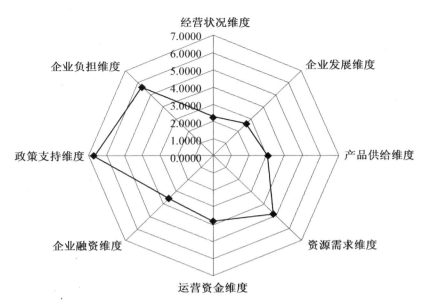

图 5 - 33 宿迁市中小企业生态环境评价各维度得分

不高,落在其他城市之后;但宿迁在"融资成本"和"人工成本"2 项指标得分列全省第 1 位,统计指标也显示宿迁市在"从业人数占总人口比例"和"城镇居民可支配收入"得分较低,这可能是人工成本不高的主要原因。

宿迁在"生产生态条件"、"市场生态条件"下的 4 个维度指标得分都较低,2 个维度列全省第 12 位,2 个列第 13 位。统计指标显示宿迁市在"规模以上中小企业工业总产值占比"、"私营个体占新增固定资产投资比例"2 项指标的得分都列全省第 1 位,表明宿迁的中小企业非常活跃;但调查指标表明宿迁的"生产总量"、"企业综合生产经营状况"、"固定资产投资计划"、"新产品开发"等指标列全省最后。

宿迁市"金融生态条件"维度下的"应收货款"得分列全省第 1 位,"获得融资"、"融资成本"得分也都列全省第 1 位;但"年末单位存款余额"、"年末金融机构贷款余额"、"票据融资"、"短期、中长期单位经营贷款"等统计指标得分均列全省最后 1 位,这些意味着宿迁市需更加关注对实体经济尤其是中小企业的金融支持。

第六章　2014年江苏中小企业生态环境评价的总体结论

　　南京大学金陵学院企业生态研究中心发布的2014年江苏中小企业生态环境评价报告显示,2014年江苏中小企业总景气指数为107.2,在绿灯区运行;有75.8％的样本企业高层管理者对整体经济环境给予"一般"以上的较为积极的评价;其中市场景气指数最高,达到109.4,高于全省总指数;生产、金融景气指数也都高于100;但政策景气指数为88.9,低于90,落在了黄灯区,反映出中小企业的管理者对目前的政策环境满意度较低,或者期待着更加积极的有益于中小企业发展的政策环境。

　　评价报告针对中小企业景气指数,比较中、小、微企业景气指数的规模特征、区域特征和城市特征。分析2014年不同规模的中小企业、各地区中小企业、各城市(13个省辖市)中小企业的生产景气、市场景气、金融景气和政策景气的态势,剖析其成因。

　　从中小企业综合景气指数的(企业)规模排名看,中型企业(108.5)排名第1位,小型企业(107.4)排名第2位,微型企业(105.5)排名第3位;排名随规模递减;中、小型企业的综合景气指数高于全省综合景气指数,微型企业略低于全省综合景气指数。

　　从中小企业综合景气指数地区排名看,苏中(110.3)第1位,苏南(108.8)第2位,苏北(103.8)第3位,苏中和苏南综合景气指数高于全省综合景气指数,苏北低于全省综合景气指数。

　　表6-1显示,从中小企业综合景气指数的城市排名看,在江苏13个省辖市中,排名第1位的是泰州,扬州第2位,淮安第3位,随后依次为无锡、常州、连云港、苏州、镇江、南京、南通、徐州、盐城、宿迁。其中综合景气指数高于全省水平的城市有:泰州、扬州、淮安、无锡、常州、连云港、苏州、镇江,占13市的61.5％。

　　2014年江苏中小企业生态环境评价报告显示,2014年江苏中小企业四个生态条件和8个生态条件维度指标得分较为均匀。在"经营状况维度"、"产品供给维度"和"资源需求维度"上表现较为显著,分别列前3位,在"政策支持维度"、"企业负担维度"上,得分居中,列第4位和第6位;而在"运营资金维度"上的得分最低,列第8位,表明运营资金成为目前江苏省中小企业生存和发展的短板。在"企业发展维度"上得分也偏低,列第7位,值得高度关注。江苏省中小企业自主发展与创新的意识和金融生态条件等方面都需要着力强化。

　　从区域比较看,苏南的中小企业生态环境综合评价(5.375 3)好于苏中(5.019 4)和苏北(4.250 8)。长期以来,江苏省三个地区的经济发展很不均衡。苏南地区在我国改革开放的初期就已经处于全国经济发展的前列。2014年江苏省中小企业生态环境评价的8个维度指标中,苏南地区依靠其经济总量上的优势,多数维度指标高于苏中和苏北地区。其中,以"运营资金维度"、"企业融资维度"2个金融生态条件指标最为显著,说明金融环境对一个地区的经济发展起到十分积极的作用,也突出表明中小企业金融生态条件的改善和优化,对于中小企业的发展尤为重要。苏中地区各维度的得分较为均衡,整体上稍弱于苏南,又强于苏北地区。苏北地区除政策支持维度之外,各维度指标几乎都弱于苏南、苏中地区,既显示出苏北地区整体经济相对滞后的现状,也反映出在政策扶持方面,苏北地区更为积极。而在一些速度类指标和中小企业的占比指标上,苏中、苏北地区已经超过了苏南地区。

表6-1　2014年江苏13市中小企业景气指数及生态环境的排名

2014年景气指数排名	城市	景气指数	2014年生态环境排名	城市	生态环境得分
1	泰州	112.1	1	苏州	6.064 3
2	扬州	111.4	2	常州	5.567 4
3	淮安	111.2	3	无锡	5.395 9
4	无锡	111.1	4	泰州	5.282 1
5	常州	110.3	5	连云港	5.158 1
6	连云港	109.8	6	南通	5.089 2
7	苏州	107.6	7	南京	5.041 6
8	镇江	107.3	8	镇江	4.817 0
9	南京	106.0	9	淮安	4.693 3
10	南通	106.0	9	扬州	4.686 9
11	徐州	103.9	11	宿迁	4.045 9
12	盐城	97.1	12	盐城	3.720 4
13	宿迁	92.9	13	徐州	3.636 1

表6-1显示,从江苏13市中小企业生态环境比较看,排名前3位的城市分别为苏州、常州和无锡,随后依次是:泰州、连云港、南通、南京、镇江、淮安、扬州、宿迁、盐城、徐州。显然,在江苏13个城市的中小企业生态环境比较中,苏南的城市整体上占优,其次是苏中,苏北居后。

江苏省中小企业生态环境评价报告的编制和发布,就是要集聚优势资源专注江苏省中小企业生态环境的研究,力求及时、充分和准确地向市场发布中小企业运行态势的关键信息,以提升江苏省整体经济的资源配置效率,引导中小企业提升竞争力和运营效率,为各级政府支持中小企业发展提供服务创新的政策建议,全力推进江苏中小企业生态环境的优化,积极扶持和促进江苏中小企业的发展。

第七章 专题调研报告

7.1 南通市纺织行业中小企业调研报告[①]

顾姝姝 吴兰德 梅淑琴

一、调研背景

南通纺织产业历史源远流长,是全国著名的"纺织之乡"。一百多年前,清末状元、著名爱国实业家、社会改革家张謇先生在家乡兴办了中国最早的纺织企业大生纱厂,开创了近代民族机器纺织工业之先河,使南通成为蜚声海内外的纺织工业基地。经过一个多世纪的发展,南通纺织工业产业集群现象比较明显。有以大生为龙头的棉纺织业集聚区;以观音山纺织科技园为基地的色织印染集群;以三友集团为龙头的服装业集群;有与美国纽约第五大道家纺成品交易市场、德国法兰克福家纺设计市场并称为"世界三大家用纺织品交易市场"的"南通家纺城"。

然而,在南通纺织业发展过程中,也出现了对中小型纺织企业扶持力度不够、管理体制不健全、产能过剩、缺乏技术创新、新鲜血液匮乏等问题,阻碍了南通纺织业的进一步发展,因此,对南通市中小型纺织企业发展状况进行深入细致的调查与分析就显得尤为重要。

二、研究方法

(一)调研方法

本次调研采用企业景气调查方法,通过随机抽样,以企业自愿参加为原则,由南通市中小型纺织企业高管填写调查表。所谓企业景气调查方法,是指企业景气调查与景气分析方法的概括和综合,它是以企业家或企业有关负责人为调查对象,采用问卷调查的方式,定期取得企业家对宏观经济运行态势和企业生产经营状况所作出的定性判断和预期,据以编制景气指数,以及时、准确地反映宏观经济运行态势和企业生产经营状况,进而分析、研究和预测经济发展变动趋势的一种科学的调查和分析方法。[②] 企业景气调查问卷通常以三值判断型为主,要求被调查的企业管理者在每一调查指标的三个可能回答中(如良好、一般、较差),根据掌握的情况选择一个。本次问卷中,以正指标为例,1~5选项中,4、5选项为良好,3为一般,1、2为较差。

(二)研究对象和内容

调查对象:南通市中小型纺织企业的高层主管。

---

① 本调研报告是2014年江苏中小企业生态环境评价的子课题,三位作者系南京大学金陵学院企业生态研究中心研究员、南京大学金陵学院商学院教师。

② 池仁勇,程聪,谢洪明,叶成雷.中国中小企业景气指数研究报告[M].北京:经济科学出版社,2011:19-28.

样本数量：本次调研采取随机抽样方法，南通全市中小企业景气调研共收回有效问卷336 份，其中南通中小型纺织企业有效问卷 91 份。

调查内容：根据企业景气调查方法，了解中小企业的基本状况，包括财务状况、生产经营状况以及存在的问题等。本次调研从微观和宏观两个角度对南通市的中小企业景气进行解读。在微观角度中，具体从以下几个方面了解中小型纺织企业景气情况并进行分析：① 企业的综合评价；② 企业生产经营总体状况；③ 企业主要产品的销售情况；④ 内外部要素对企业影响程度；⑤ 企业原料及产成品情况。宏观角度则从市场环境、管理创新、融资环境、政策环境四个方面进行分析。

三、调研指标解读

由南通全市 336 家中小企业调研数据计算，南通市中小企业景气指数为 106，反映了南通的中小企业景气状态总体上是良好的。纺织业中小企业数量为 91 家，占样本企业总数的 27.08%，其营业收入总额占比为 5.97%，行业的景气指数为 99.995。相较于全市的景气指数而言，纺织业的景气状态不容乐观。

纺织业原本是南通传统支柱行业之一，具有起步早、企业多、占比重、知名度高等特点。据统计，全球纺织业生产和制造基地 68.50% 落户在中国，而中国纺织业生产和制造基地 62.5% 落户于南通。[①] 南通纺织业在中国乃至全球具有举足轻重的地位。作为中国纺织之乡，南通的纺织产业有其独特优势和深厚基础，但从调研数据看来，目前南通纺织业正遭受着巨大的挑战。

（一）微观角度指标解读

1. 对企业综合评价

（1）经营环境

通过对 91 家纺织企业的调研，被调查企业的负责人认为企业目前的经营状况基本平稳，但外部环境的压力越来越重，有一些制约着企业发展的问题相当突出，必须引起各方面的重视。企业被调查者对 2014 年下半年纺织业总体形势的评价不如上半年，30.77% 的企业认为当前本行业运行状况良好，有 29.67% 的企业认为当前运行状况较差；而对于下半年的预期，32.97% 的企业认为行业总体运行状态乐观，32.97% 的企业认为不乐观。预期的状况同当前的状况对比，可以明显看出，被调查的企业对于 2014 年下半年纺织业的发展持有不乐观的态度，可见未来纺织行业经营环境严峻。

（2）市场及盈利状况

课题组对 91 家中小型纺织企业进行调查发现：虽然目前仅有 15% 的企业认为税收负担较重，但有 21% 的企业预期 2014 年下半年税收负担较重，企业恐无法承受；45.05% 的企业存在不同程度的出口转内销状况，对于出口有所收紧。通过收集的相关资料以及对中小企业高层的咨询，我们了解到造成内需市场压力增大的原因主要是人民币升值，出口退税率下调，出口受阻，导致市场相对过剩。

---

① 江苏年鉴编委会. 江苏统计年鉴[M]. 北京：中国统计出版社，2005.

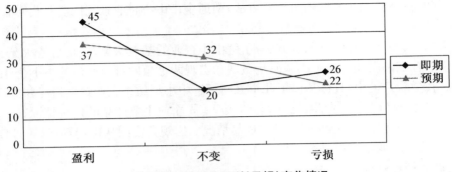

图 7-1-1　纺织业盈利(亏损)变化情况

不过,对于本行业的盈利亏损变化而言,无论是当前还是未来下半年,企业家们还是持乐观态度的。就 2014 年的下半年来说,图 7-1-1 显示,有 27 家企业预期会盈利,有 22 家企业预期亏损。总体来说,对于纺织业,企业家们还是保有积极的态度。

2. 企业生产经营总体状况

(1) 企业经营状况

调查结果显示,南通纺织业的企业生产经营基本平稳,表现在产销依然旺盛。但库存有所增加,不少企业投资热情减少,研发投入也有所减少,加上各项成本的上升,人民币大幅升值,造成国内竞争激烈,甚至出现了产能相对过剩的现象。从对企业生产经营的总体调查情况看,近 26% 的被调查者认为 2014 上半年生产经营状况不佳,同时近 30% 的企业预期下半年企业的生产经营不佳(见图 7-1-2)。在人民币升值及国际贸易摩擦影响下,企业预计下半年的经营状况总体上会有所下降,认为下半年经营不佳的比重比上半年上升了 4%。

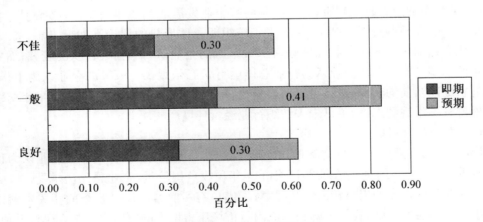

图 7-1-2　纺织企业经营状况

(2) 行业总体经营状况

目前,南通大部分的中小企业仍然是私有为主。调查数据显示,91 家被调查的纺织企业中,63.74% 为私营企业性质,仅有 8.79% 为股份制企业,剩下的 27.47% 为外资企业。国家一直对私有财产的法律保护力度不够,在宪法和其他法律中也缺乏对私有企业财产保护的规定,这使得中小企业在经营中无法受到国家的保护;同时给企业经营的内部管理和产权埋下了隐患。

在生产销售方面,产销处于正常状态。被调查企业均认为下半年比上半年会有所增加,尤其在销售方面,预期增加的企业与上半年同期相比多出了3家;生产方面也是持乐观态度,预计会增加的企业达到了29家,占总比重的32.22%(见表7-1-1)。

表 7-1-1 纺织业生产销售状况表

计量单位:家

	生产总量				实际产品销售		
	增加	不变	减少		增加	不变	减少
即期	32	23	36	即期	37	20	34
预期	29	36	25	预期	34	34	23

(3)投资状况

受产销量、税收政策以及成本等因素的影响,18.68%的企业认为固定资产投资与去年同期相比会增加;同时,15.38%的企业预计下半年将会比上半年增加固定资产投资。由此看来,纺织业对于固定资产投资呈现下降趋势。

3. 企业主要产品的销售情况

(1)销售收入逐年增长

国家统计局数据显示,纺织行业中小企业数逐年大幅上升,而中小企业数的增长拉动了销售收入及利润的增长。本次调研的91家纺织企业的主营业务收入达到了235 010.96万元,占样本企业主营业务收入的5.97%,可见纺织业在整体中小企业中占有一定地位。

(2)销售形势严峻

调查显示,在实际产品销售中,37.36%以上的受调查企业认为销量差于上年同期,25.27%以上的企业预计下半年本行业的销量少于上半年;在新签销售合同中,仅27家企业预计下半年新签的合同数量会比上半年多,相比上半年,上升的趋势明显减弱;在产品售价方面,将近26.37%(24家)企业认为,无论是上半年产品价格与去年同期相比,或者是预计下半年与上半年对比都有所下降,近50%以上的企业认为会持平,认为会上升的企业仅占少数;在生产成本方面,近41.76%的企业认为上半年本企业生产成本高于去年同期,35.16%的企业预计下半年生产成本将上升,总体而言生产成本呈现上升趋势;在营销费用方面,上半年与去年同期相比或下半年与上半年相比,仅19家企业认为会下降,近72家企业均认为营销费用会有所上升(见表7-1-2)。

综合上述的5个方面可以看到:南通纺织业的企业家们对产品销量和销售合同持乐观态度,而对于产品销售价格,认为下降的企业家比认为上升的占大多数。也就是说,企业们认为产品售价可能降低,这样一来,企业在销售中获取单个产品的利润将会减少,加上产品生产成本和营销费用的不断上升,纺织业的销售形势会更加严峻。

表 7-1-2　纺织业销售综合情况表　　　　　　　　　　　计量单位:家

		实际产品销售	新签销售合同	产品销售价格	生产成本	营销费用
即期	上升	37	35	19	38	42
	持平	20	25	48	37	30
	下降	34	31	24	38	19
预期	上升	34	27	11	32	29
	持平	34	39	57	46	43
	下降	23	25	23	13	19

（3）销售范围

虽然在出口退税、人民币升值等压力下,纺织企业被迫出口转内销,但据数据统计分析,南通的纺织业对外出口还是不少的。其中,出口到欧美的最多,占整体比重的37.36%,其次是日韩17.58%、港台13.19%,出口到其他地方的比重也较大,达到了18.68%。整体看来,纺织业的销售范围广泛,出口地区较多。

4. 内外部要素对企业影响程度

（1）外部环境要素分析

① 融资艰难

我国的中小企业普遍存在资金短缺问题,而且这也成为了致命的问题,南通的纺织业也是如此。由表 7-1-3 可知:仅有 16.67% 的企业预计下半年融资需求会有所下降,大部分企业预计融资需求会上升,基本上被调查的企业都有资金短缺的问题,需要获取额外的融资途径。在获取融资方面,仅有近 26.25% 的企业认为获得资金的难度下降,比较容易,近 7 成以上的企业认为获得融资比较困难,尤其是近几年来出于政府政策、利息、人民币升值等影响,更难以获取资金。在融资成本方面,随着时间推移,其成本也在不断上升,仅有 17.33% 的企业抱有乐观态度（认为会下降）,其余的企业大都认为下半年本企业获得融资的成本会上升。

表 7-1-3　纺织业融资综合情况

		融资需求	获得融资难度	融资成本
即期	上升	12.82%	22.50%	—
	持平	67.95%	51.25%	—
	下降	19.23%	26.25%	—
预期	上升	14.10%	20.00%	16.00%
	持平	69.23%	53.75%	66.67%
	下降	16.67%	26.25%	17.33%

② 流动资金是关键

企业的经营发展,流动资金是关键,唯有资金能够灵活运转,使资金链不断,才能运行下去。在被调查的 91 家纺织企业中,32.22% 的企业上半年未收到的应收账款比上年同期增加,仅 15.56% 的企业预计下半年应收未收的款项会减少,这意味着企业会有大部分资金被锁住而不能流动。在问及流动资金状况时,接近 30% 的企业表明流动资金紧张,有 28% 左右的企业表示流动资金充足,由此可见,大部分企业的资金缺乏流动性。

③ 政府政策影响

国家的税收政策,对于企业的影响较大。调研数据显示,南通 91 家纺织业样本企业中,有 20.88% 的被调查企业预计下半年企业赋税负担较重。同时,近两年来,外贸顺差过大带来的一系列矛盾和问题已逐渐成为宏观调控面临的一大难题。在几年前推出汇率体制改革之后,又进行了出口退税政策的调整,这对企业的发展也造成一定的影响。

(2) 内部生产要素分析

① 产能过剩

国家统计局的企调系统调查结果显示,我国不同行业之间产能过剩情况明显,认为产能过剩比较严重的行业主要包括纺织、医药等行业等。这与本次调研结果基本一致,22.35% 的纺织企业上半年产能过剩比去年同期增加,24.71% 的企业比去年同期有所下降;23.53% 的企业认为下半年企业的产能过剩情况会比上半年增加,15.29% 的企业认为下半年会下降,纺织业的产能过剩问题依然存在,且比较严重。

② 企业研发投入情况

据调查结果显示,企业新产品研发投入比重有所减少,中小企业创新环境有待改善。被调查企业 22.22% 的企业经营者表明 2014 年上半年新产品的研发投入比去年同期增加,25.56% 的企业减少;18.89% 的企业预计下半年新产品研发投入会增加,23.33% 认为会减少,认为"减少"的比认为"增加"的多 4.44 个百分点。由此看来,纺织企业在创新这条道路上多少有些坎坷,还需要加大投入度,给予更多的关注。

③ 人力资源情况

人力资源是企业运行的必要因素之一,所以人力资源状况构成了制约企业发展的一个严重瓶颈。根据调查来看,南通纺织业对劳动力的需求较大,63.74% 的企业表明上半年企业对劳动力的需求高于去年同期,仅有 25.27% 的企业认为下半年企业对劳动力的需求预计会比上半年少,可见人力资源短缺状况还是存在的。

另一方面,人工成本逐年增加,只有少数(12.09%)的企业预计人工成本会下降,这无形中给企业带来了压力。企业需要劳动力,但人工成本又高,加上企业资金有限,雇佣工人百里挑一,逐渐就造成了人力资源短缺、"就业难,招工难"等问题。

5. 企业原料及产成品情况

(1) 原材料供应及成本

调查结果显示,原料成本普遍上升,但供应相对充足。近 80.22% 的企业经营者认为 2014 年全年整体上主要原材料供应及能源供应充足,还不会出现紧张状况。25.27% 的企业经营者认为下半年主要原材料及能源价格会上升,比认为"下降"的少 2.2 个百分点;而 35.16% 的企业表明 2014 年上半年与去年同期相比原料成本上升。

(2) 产成品库存

尽管生产产品的所有要素成本都在增加,但由于下游影响,纺织产品的价格却相对稳定。从统计的数据显示,南通纺织行业 2014 年全行业产销率略为下降,产成品库存有所增加。30％的企业表示,产成品积压比去年同期高,同时有 21.11％的企业预计下半年会比上半年增加。可见,纺织业的库存状况比较严重,有待解决。

（二）宏观角度指数解读

1. 市场环境

通过以上的微观分析,不难看出,纺织业的整体市场环境相对严峻,不容乐观。

在企业产品方面,南通纺织业的产品销售范围目前以国内为主,国际化市场相对狭小。调查数据可以看出南通纺织行业的销售市场依然不错,35.16％的企业表明实际产品销售在上升,29.67％的企业预计下半年新签销售合同将会增加;但在另一方面,30％的企业表明上半年与去年同期相比产品库存有所增长,同时 21.11％的企业预计下半年库存会增加,可见产能过剩问题还是存在;再加上仅有 20.88％的企业预计下半年营销费用将会下降,这意味着企业的市场成本增加,利润减少,市场的竞争力不如以往,导致整个纺织业的景气有所下滑。

在原材料方面,虽然大多数企业（30.77％）预计下半年主要原材料及能源供应充足,但随着市场变化,35.16％的企业表明上半年与去年同期相比主要原材料及能源购进价格有所上升,同时有近四分之一的企业预计下半年原材料的价格会上升。价格的上升,必然会导致企业在购买原材料时更加谨慎。

2. 管理创新

管理是企业永恒的主题。与大企业相比,小企业生存环境更加复杂、充满了变化,中小企业要想在激烈的市场竞争中生存下来,管理创新是必要的。

通过以上的微观分析,我们可以知道,南通纺织业生产总量在持续上升的同时,实际产品销售却在缩减,有 21.11％的企业预计下半年产成品的库存将会有所增加,这导致了较为严重的产能过剩。因此,企业要加强生产中的管理创新,实现企业生产要素的优化配置,提高生产效率,提高市场快速反应能力,减低资源消耗。

在生产成本方面,调研表明,南通纺织业中有 35.16％的企业预计下半年成本会上升,整个行业的盈利亏损变化较大,所以企业加强技术开发,提高生产水平,减低成本费用已是迫在眉睫。此外,应加大新产品研发力度,从数据上来看,仅有 18.89％的企业预计会在下半年中加大产品开发力度。

在人力资源方面,由数据可以看出,南通整个纺织行业对劳动力的需求呈现上升趋势,21.98％的企业预计下半年劳动力需求会增加,总体说来劳动力市场需求量还是较大的。但是经过分析可以知道,38.46％的企业预计人工成本将会增加,这迫使企业在招收工人时会有颇多忧虑,进一步加剧了"招工难,就业难"的现象。

3. 融资环境

中小企业融资环境从广义上讲是指能够影响和制约中小企业融资选择与运行过程的各种内外部因素的总和,从狭义上是指能够影响和制约中小企业融资选择与运行的外部环境。这里主要是从广义角度进行研究,讨论涉及中小企业融资五个方面的内外部融资环境,即融资成本、获得融资、融资需求、流动资金、固定资产投资计划。

与大企业相比,虽然中小企业有诸如经营机制灵活、适应市场能力强、易产生企业家精神、技术创新效率高等优势,但在激烈的市场竞争中,中小企业的劣势也十分明显,如技术人才短缺、资金不足、设备不足、利用外部信息的能力较低等,尤其是创业初期的中小企业由于其高风险、市场与收益的不确定性,面临"融资难、成本攀升"等窘境,具体表现为:在融资需求方面,14.1%的纺织企业预计下半年会上升,12.82%的企业表明上半年比去年同期上升;在融资成本方面,17.33%的企业预计下半年会下降,但仍然有20.00%的企业认为融资难度上升;在固定资产投资方面,19.78%的企业预计下半年会减少;同时在流动资金方面,28.89%的企业预计下半年会比较紧张。

4. 政策环境

中小企业先天存在的弱势和宏观经济因素的制约,严重阻碍其正常发展。只凭中小企业自身的努力无法解决这一矛盾,只有通过政府强有力的政策扶持,才能改善其市场环境和政策环境,发挥其重要作用。

但从本次调研结果来看,南通中小企业纺织业的政策环境不容乐观,15%的企业认为税收负担较为沉重,18%的企业预计税收将会加重;在行政收费中,13.19%的企业表明上半年比去年同期加重了,10.99%的企业预计下半年行政收费会增加。总体而言,政策环境有待进一步改善。

7.2　苏锡常三市中小企业融资现状分析[①]

吴　燕

近年来中小企业在经济中起到越来越重要的作用,而中小企业发展也受到社会的广泛关注。苏南地区多年来经济发展态势良好,对江苏省内经济做出了重要的贡献,同时也在一定程度上带动苏中苏北地区经济发展,其中苏锡常三市中小企业的快速良好发展不但促进地方经济发展,而且提供了更多的就业岗位。但是从美国次贷危机及欧债危机以来,我国中小企业赖以生存和发展的内外部环境发生了较大变化,在国内外经济压力不断放大的情况下,这些中小企业的金融生态环境有哪些变化,进而会对企业会产生怎样的影响,是本文研究的重点。只有看清楚这些变化,找出自身存在的问题,才能够不断完善中小企业的资本运作能力,优化金融生态环境,从而为中小企业的健康稳定发展奠定良好的基础。

一、苏锡常三市中小企业发展现状
(一)行业分布

苏锡常三市经济发展的特点分别可以由苏州成外资宠爱、擅长高科技;无锡重科技企业发展;常州工业兴盛来概括。苏州中小企业行业分布情况主要是位于昆山的模具、电子材料及传感器等,吴江区的光电缆、丝绸纺织及电梯产业集群等,相城区的汽车电子零部件等,常熟的服装产业及张家港的冶金汽车配件等。无锡中小企业行业分布情况主要是滨湖区的工业设计和生物制药,锡山区的电动自行车,惠山区的汽车零部件和冶金新材

①　本调研报告是2014年江苏中小企业生态环境评价的子课题,作者系南京大学金陵学院企业生态研究中心研究员、南京大学金陵学院商学院教师。

料,江阴的织染、服装,以及宜兴的电线电缆、环保节能设备和纺织品等。常州中小企业行业分布情况主要是新北区汽车配件和工程机械,武进区机械制造、精密合金、机车及附属设备,新北区光伏产业以及金坛市服装和光伏产业。从以上行业分布情况来看,苏锡常中小企业行业分布具有一定的相似性,较多集中在电子材料、汽车零部件及机电行业等技术性比较强的行业。当然除了共性外也有各自的特点,比如苏州有不少中小企业集中于丝绸行业,无锡有环保节能设备产业,常州有光伏产业,这些或多或少跟当地的产业政策有关。

（二）融资方式

目前中小企业主要融资方式包括企业自有利润累积,亲朋好友借钱,民间借贷,银行贷款,政府扶持资金。苏锡常三市的中小企业也不例外,基本也是通过以上方式获得资金。当然由于中小企业本身缺乏担保体系,银行贷款相对来说比较困难,同时中小企业贷款越来越难也可能会导致其不愿通过银行贷款来解决流动性资金不足的问题,而选择向亲朋好友借钱或民间借贷。这些都是由于中小企业和银行双方信息不对称导致的,因此加强双方信息沟通,保障双方信息尽可能共享,能够进一步改善中小企业融资方式。另外调查中发现部分中小企业选择采用典当固定资产或金融租赁的方式来融资,这也是相对较新的融资方式。至于具体的情形我们希望通过调查问卷一探究竟。

二、对苏锡常金融景气调查结果的分析

（一）苏锡常中小企业金融景气指数及排序

根据调查问卷及我们的景气指数公式计算得出,苏州金融景气指数:即期 106.7,预期 103.3,综合 104.7。无锡金融景气指数:即期 106.5,预期 102.3,综合 103.9。常州金融景气指数:即期 90.3,预期 92.3,综合 91.5。图 7-2-1 可以看出,苏州和无锡中小企业整体处于微景气状态,而常州中小企业已面临微弱不景气状态。相对来说,苏州无锡中小企业应该注重企业的进一步持续发展,而常州中小企业则应考虑未来发生风险的可能性,甚至制定出相应的对策。

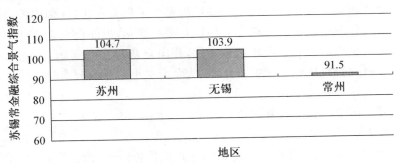

图 7-2-1　苏锡常中小企业金融景气指数

（一）苏锡常中小企业金融景气指标分析

1. 应收货款

应收货款是企业因销售商品、提供劳务等应向买方收取的资金款项。企业应收货款的变化一方面说明其经营状况的好坏,另一方面说明其资金被占用的多少,从而影响其资金流动性。苏锡常中小企业应收货款景气指数如图 7-2-2。

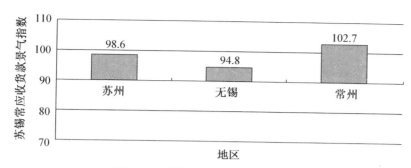

图 7-2-2　苏锡常应收货款景气指数

　　从景气指数来看,苏州无锡的应收货款都属于微弱不景气,常州属于微景气,三市在应收货款方面差别不大。无锡市中小企业可能要稍加关注其应收货款的状态,尽量减少资金占用。

　　2. 流动资金

　　流动资金有广义和狭义之分,这里主要是指企业的流动资产减去流动负债之后的狭义流动资金。企业的流动资金有利于其日常经营,以便于产生更多的营业收入。从融资的角度来说,流动资金是其外部融资的重要保障。因此考察企业的流动资金能够较好地了解其在当前宏观经济环境下的生存状态,苏锡常中小企业流动资金景气指数如图 7-2-3。

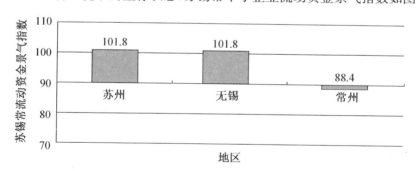

图 7-2-3　苏锡常流动资金景气指数

　　从三市流动资金景气指数来看,苏州无锡靠近临界值 100,但常州明显差距较大,已经落入相对不景气区间。这对常州中小企业来说是个不好的信号,因为流动资金相对不景气,预示着企业经营可能会出现流动性不足,同时也对中小企业发出警示,其未来应该重视融资。

　　3. 融资需求

　　融资需求主要指企业在经营过程中因为短期或长期发展目标而从外部或内部获得资金的需求。从图 7-2-4 看出,苏州和无锡融资需求处于相对景气区间,常州处于微弱不景气区间,甚至快落到相对不景气区间。这说明常州中小企业未来发展融资需求较低,一方面有可能是企业未来发展规划不明朗而没有更多的融资需求,另一方面可能企业资金充足,但第一种可能性更大些。

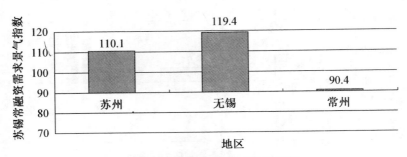

图 7-2-4　苏锡常融资需求景气指数

4. 获得融资与融资成本

获得融资主要指的是企业在经营过程中获得融资的情况，而融资成本即为企业获得这些融资所付出的代价。从图 7-2-5 可看出，无锡市获得融资情况相对不景气，即获得融资情况不乐观，在某种程度上甚至无法满足企业发展需要。这与融资需求景气指数相呼应，正是无锡中小企业获得融资较少，企业才表现出比较旺盛的融资需求。

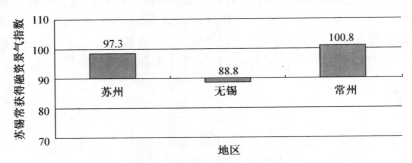

图 7-2-5　苏锡常获得融资景气指数

从图 7-2-6 可看出，无锡融资成本景气指数处于相对不景气的底端，说明其融资成本较高，这也可能是上一个获得融资指标不理想的重要原因。而常州的融资成本景气指数处于微景气区间，其融资成本尚在企业可接受范围内。

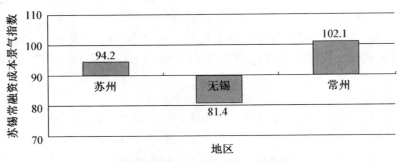

图 7-2-6　苏锡常融资成本景气指数

5. 固定资产投资计划

企业固定资产投资计划一定程度上反映了企业对未来的预期，通常若企业对未来有良好预期,就会增加固定资产投资计划;反之,企业未来可能会减少固定资产投资。图7-2-7可看出常州固定资产投资计划景气指数为89.0,处于相对不景气区间。这说明常州中小企业对未来经济发展不乐观,因此当年比上一年投资计划下降,下半年预期比上半年实际投资计划也下降。

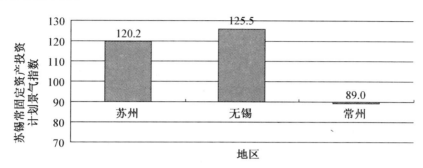

图7-2-7 苏锡常固定资产投资计划景气指数

另一方面苏州和无锡的固定资产投资计划处于较为景气区间,说明苏州和无锡的中小企业对未来发展预期较好,敢于加大资金投入,扩大再生产。而相对较大的固定资产投资计划对未来的融资需求会有较大影响,这就要求企业能够尽早安排融资计划,拓宽融资渠道,保证企业未来资金的流动性。

三、苏锡常中小企业融资特征

(一)融资渠道有限

通过苏锡常中小企业调查结果算出的获得融资景气指数(图7-2-5)可知,三市的获得融资景气指数都偏低,尤其是无锡市已经属于相对不景气。这说明在2014年度苏锡常中小企业获得融资规模都偏低,结合融资需求可知,大多数中小企业所融资金都无法满足其融资需求。这在一定程度上限制了企业的进一步发展。通过资料查阅及在调研过程中实地向相关企业了解得知,企业之所以获得融资相对较少,主要是和融资渠道有限有关。因为中小企业自身的经营特点,中小企业贷款难一直是困扰各界的难题,苏锡常中小企业同样难以及时获得银行贷款,他们只能更多倾向于民间借贷。但民间借贷的融资成本较高,企业从成本角度可能会减少融资以避免高成本。

(二)融资需求差异明显

企业的融资需求与很多因素有关。此次调查中选取的指标包括获得融资的难易程度,以及未来固定资产投资计划等,这些都是影响企业融资需求的重要因素。但从实际统计结果发现,苏锡常中小企业融资需求更多受到固定资产投资计划的影响。常州市中小企业获得融资和融资成本处于临界值,但未来固定资产投资计划较少,我们发现其融资需求相对较弱。而苏州和无锡市中小企业对未来固定资产投资有较大的投入预期,因而他们的融资需求相对比较旺盛。

(三)流动资金明显不足

从流动资金指数看,常州显示出相对不景气的状态,而苏州无锡中小企业流动资金也不充足,可见三市的流动资金均显不足,这会影响企业的进一步发展。企业的流动资金与其应收货款、获得融资及未来的固定资产投资计划密切相关。目前苏锡常中小企业流动资金普遍不足,这一方面可能由于企业经营过程中应收货款的资金占用较多,另一方面是因为中小企业融资渠道有限,获得融资比较困难造成的。流动资金不足会影响到企业未来的固定资产投资计划,尤其是常州中小企业的流动资金明显不足的状态,以及未来固定资产投资计划的下降,表明流动资金不足将会影响未来的投资计划。

(四)融资扶持政策陆续出台

近年来我国对中小企业融资难问题高度重视,出台了很多相关融资政策,不断改进过去政策上的缺陷。近几年陆续出台的《国务院办公厅关于金融支持小微企业发展的实施意见》、《关于完善和创新小微企业贷款服务提高小微企业金融服务水平的通知》等都有助于小微企业获得银行贷款,同时允许银行对符合条件的小微企业进行续贷,在很大程度上降低了企业续借贷款过程中所产生的成本。江苏省《省政府办公厅关于开展小微企业转贷方式创新试点工作的意见》(苏政办发〔2014〕36号)的出台,有效缓解了小微企业贷款转贷中"先还后贷"造成的资金周转压力。

常州市中小企业在常州银监分局的支持下,在获得融资方面成效显著。常州银监分局引导当地银行与担保机构合作,进一步促进银行对中小企业发放贷款。但是从获得融资占中小企业融资需求的比例还说还是较低。无锡市政府办公室2014年8月印发了《关于进一步完善和创新小微企业贷款服务实施办法的通知》,主要目的是创新无锡市小微企业续贷方式,完善贷款服务。

而苏州、无锡的融资政策则是向科技型中小企业倾斜。苏州、无锡市政府更加注重当地科技金融的发展,苏州建立了科技型中小企业信贷风险补偿专项资金,推出"科贷通"这种联通科技型中小企业与银行的金融产品;无锡在2014年12月30日宣布将于2015年正式实施《无锡市科技型中小企业贷款风险补偿资金池管理方法》,主要是通过政府对中小企业的增信,使银行愿意放贷给中小企业,目的是解决科技型中小企业贷款难度大、手续复杂等问题。无疑苏州、无锡的地方性金融支持政策的陆续出台,有利于科技型中小企业的发展。但由于这些金融支持政策不能普惠到其他非科技型中小企业,使这些企业融资难的问题依然存在。

7.3 江苏中小型电机企业发展现状分析
——以无锡某永磁高效电机公司为例[①]

胡丹丹

一、行业和企业背景

中小型电机是量大面广的产品,可以广泛应用于工业、农业、国防、公共设施和家庭电器等各个领域,作为风机、水泵、压缩机、机床、印刷机械、造纸机械、纺织机、空调机、城市交通和各种运输车辆的动力,其耗电量占全国总电量的60%以上。因此,中小型电机产

[①] 本调研报告是2014年江苏中小企业生态环境评价的子课题,作者系南京大学金陵学院企业生态研究中心研究员、南京大学金陵学院商学院教师。

业的发展对于国民经济建设、能源节约、环境保护和人民生活水平提高都起着重要的作用。

　　世界电动机制造业的发展已经经历了100多年,我国电动机的生产起始于1917年,发展至今已具规模,尤其是中小型电机已经形成了一套比较完整的产业体系,产品种类、规格、性能和产量已能满足国民经济发展的需要,其产能占比达到95%,占据主导地位。目前,我国中小型电机企业2 000多家,行业骨干企业300多家,从业人数30万人以上。

　　根据国家统计局2014年对我国电动机行业规模以上企业统计,我国电动机制造生产企业主要分布于东部沿海地区,其中,浙江省企业数量最多,有144家;其次是江苏省,有125家,随后依次是山东、上海、广东和福建,分别有75、73、59和55家。在这些企业中,上海、江苏、浙江和山东四省的销售收入占全国销售收入的60%,可见,该行业的产业集中度较高。而在这四省的电机企业当中,民营企业和三资企业的数量又占据了大半江山。显然,无论从企业数量上还是从销售收入上,民营电机企业和三资企业为整个电机制造行业的发展做出了很大贡献。

　　此次调研中我们有幸走访并深入调研了无锡市某永磁高效电机公司(简称YC公司),作为该行业中的骨干民营企业,YC公司已经在电机行业摸爬滚打数十年,完成了从传统手工业到现代工业装备制造的转型,向规模化方向发展。该公司目前主营产品是稀土永磁电机,拥有正式员工150名,典型苏南家族式企业,也是国内为数不多的掌握稀土永磁核心技术的民营企业。与传统的电磁电机相比,永磁电机,特别是稀土永磁电机具有结构简单、运行可靠、体积小、质量轻、损耗小、效率高等显著特点,并且与电力电子技术和微电子控制技术结合,可以制造出各种性能优异的机电一体化产品,如数控机床、柔性生产线、机器人、高性能家用电器等,未来的应用前景不可估量。

　　作为高科技制造企业,YC公司也经历了转型的痛苦涅槃,并且与其他民营企业一样受到了2008年金融危机的冲击。庆幸的是,公司凭借着领导层精准的战略眼光、坚韧不拔的企业家精神和家族成员的齐心协力,成功度过了金融危机和经济衰退的冲击,2010—2013年连续四年实现了5 000万元以上的年营业额、15%以上的净利润率,这对于民营企业来说相当不易。

　　针对江苏中小企业发展中普遍存在的问题,结合YC企业的发展实际,笔者在暑期重点对该企业进行了为期一周的调研,主要采取现场访谈的调研方法,并结合我院生态研究中心调研问卷中的核心问题,围绕企业发展中的生产制造、技术创新、市场营销、员工管理和企业融资几方面,分别与该企业的总经理、财务部和人事部负责人进行了3次深度访谈。

二、企业生产制造与技术创新

　　众所周知,电机行业属于传统的机电制造业,市场需求量大。由于大型电机市场的进入壁垒高,因此,绝大多数中小企业都蜂拥而入中小型电机行业,造成中小型电机的生产企业数量庞大,2005年左右企业数量达到峰值,但大多数中小电机企业的产品多局限于设计统一、技术含量不高的普通电机。2006年,随着行业市场需求的萎缩,竞争更加激烈,出现了为抢占市场企业间相互压价竞争,行业利润微薄的现象,随之而来的2008年金融危机更是让很多中小电机企业濒临破产。

YC 公司在 2005 年的一次出国考察中发现，一些知名跨国公司（如日本三菱电机、德国西门子等）都是从电机起家，后来不断向电力电子、控制技术等高附加值领域发展而不断壮大。而当时国内电机企业普遍集中于技术含量低的劳动密集型和材料密集型产品的生产。凭借敏锐的商业嗅觉，YC 公司果断判断：唯有敢于创新和突破才能转"危"为"机"。他们发现国内生产的永磁电机普遍存在体积大、耗能高、性能低下的问题。众所周知，电机是以磁场为媒介进行电能与机械能相互转换的电力机械，磁场可由永磁体产生，世界上最早的电机原型就是永磁电机。但一般的永磁体受到材料的限制，如大多数国内企业生产的铁氧永磁电机，磁能密度低，性能低下并且耗能高。

经过大量考证和学习，YC 公司发现，早在 1983 年，日本住友特殊金属公司和美国通用汽车公司各自研制成功钕铁硼永磁，由于材料性能高于其他永磁，国外的开发重点已经从军用转向工用甚至民用电机上，技术相当成熟。国内的稀土资源相当丰富，但对稀土永磁技术的研发和试用却到 90 年代中期才出现，并且主要用于油田开采等大型电机的生产，参与者也大多是实力雄厚的国有企业机电厂，民营企业鲜有问津。

正是看到了国内市场的空白，YC 公司倾其所有，与中科院和高校联手合作，历经两年时间，终于研发成轻型化、高性能化和高效节能的稀土永磁电机，成为为数不多的拿到稀土永磁技术专利牌照的民营企业。此后几年时间里，公司又陆续投入了不少研发费用。如今公司已经拥有十几条产品生产线，实现年销售额 5 000 万以上，前期研发投入的红利正在涌现。正是先行一步的技术优势，让企业在行业洗牌中存活下来。

"创新"一词最早是由美国经济学家熊彼特于 1912 年出版的《经济发展理论》一书中提出。企业中出现的大量创新活动都是有关技术方面的，因而技术创新是企业创新的主要内容。企业技术创新的环境有一条完整的"生态链"。在这条链上，大企业与中小企业各有分工。中小企业由于相对简易的决策程序、轻量化的组织结构等，技术创新更具活力和效率。改革开放以来，我国 75% 的技术创新、80% 的新产品都是由中小企业创造的。中小企业，尤其是创业型、科技型中小企业是技术创新的主角。苹果、微软等公司最初都是依靠在中小企业阶段的技术创新崛起和推动了整个行业的发展。进入 21 世纪以来，以知识化、信息化和技术化为特征的社会经济发展迅速，具有创新能力的科技型中小企业成为产业发展的主力。

访谈调研中我们发现：江苏中小企业有较好的技术创新氛围，除了资金等物质条件外，企业家在推动技术创新过程中扮演重要角色：第一，企业家必须要有敏锐的商业嗅觉和准确果敢的战略决策力；第二，企业家的信心和进取心成为企业技术创新的重要动力来源；第三，在快速变化的外部环境中企业家要善于学习，用学习化解企业发展中遇到的问题和局限；第四，任何创新研发的投入都是有风险的，企业家同时还必须有乐观坚韧的心理素质，才能获得最终成功。

三、企业资金管理与融资

资金问题一直制约中小企业发展的瓶颈。2010 年 6 月，国家将稀土永磁高效电机纳入节能产品惠民工程实施范围，采取财政补贴的形式进行推广；随后，财政部和国家发改委又联合出台《关于印发节能产品惠民工程高效电机推广实施细则的通知》，这意味着 2012 年以后高效节能电机将全面取代传统高耗能电机。在这些利好政策下，作为生产高效电机的高科技企业,YC 公司也成功申请了每天 100 元的国家补贴。

但这对于中小企业发展中所需的资金量而言还是远远不够的。由于货款支付的滞后性,YC 公司在发展中也曾遭遇过数次现金流危机,险些错过几笔大订单,公司凭借其在圈内多年积累的人脉和信用,靠多方相助才渡过了难关(以致私人拆借成为中小企业之间使用最多的借款方式)。在生产上,由于稀土是 17 种元素的总称,被誉为工业“维生素”,其卓越性能是高性能电机的核心保障,其价格波动直接影响企业的生产成本,YC 公司认为:“好在稀土是国家非常重要的战略性资源,其开采和生产都受到国家的严格管控,价格的波动自然也就不会太大。所以生产成本基本可控。”这也是帮助 YC 企业度过经济危机的重要原因之一。

访谈中我们发现:中小企业没有大型企业的生产能力和市场能力,也没有国有企业的稳固地位,融资难成为制约其发展的关键难题。据我们了解,由于直接融资(如中小板、创业板)门槛高,大多数中小企业无法拿到直接融资门票,以致银行贷款成为中小企业最重要的外部融资渠道。2014 年,银行贷款利率在 5%～6% 间浮动,加上公证费、担保费等中介费用,使资金成本达 9% 以上;同时,由于中小企业规模小,银行在审核这一类企业贷款申请时,条件严格,程序繁琐,这对于资金紧张的中小企业更是雪上加霜。那些不能及时通过银行获得贷款的中小企业只能寻求民间借贷,但由于其成本高、周期短,虽能解决燃眉之急,但蕴藏着巨大的风险隐患。

我们认为:对于中小企业而言,企业家的社会资本,即企业家嵌入的社会网络以及对嵌入社会网络资源的动员能力决定着企业获取资金能力的大小。企业家的社会网络越大,其获取资金或接触提供资金的关系结点的机会就越多;企业家网络动员能力越强,如社会声誉好,社会地位高或政治身份高,其获取资金的可能性就越大。随着外部环境的动态性、复杂性和不确定性的加剧,中小企业资金链的抗风险能力越发重要,如何管理好企业的现金流,拓宽企业家的社会资本使资金链更具柔性,成为中小企业必须思考的问题。

四、企业战略与市场营销策略

YC 公司生产的稀土永磁电机主要用以满足工业企业的生产制造需求,凭借产品的技术优势,加上公司两位当家人近十年来勤勤恳恳的摸索和积累,目前 YC 公司已经拥有相对稳定和多元的营销网络渠道。既有来自电机使用的终端客户的订单,如纺织厂、发电厂、造纸厂;同时也有来自一些大型设备公司和新型能源公司的订单,这些都成为企业较为稳定的销售伙伴。值得一提的是,经过不懈的公关努力,YC 公司在 2011 年与中石油建立了战略合作伙伴关系,成为中石油指定配套供应企业,实现了公司发展的大飞跃,快速提高了企业的知名度和美誉度。

在公司市场开拓初期,YC 企业的营销费用投入相当大,从 2006 年到 2009 年,公司的营销费用占到销售总额的 25% 左右,主要投向新产品的广告和公关(包括赞助);另一方面,稀土永磁是相对陌生的新技术新产品,对原有设备的更新淘汰以及用户使用习惯的培养都需要时间,这也是前期营销投入致力解决的问题。从目前看,经过五年时间,很多企业已经实现了电机的升级换代,也在生产过程中真切感受到稀土永磁卓越的性能,用户使用习惯逐渐养成。随着技术的成熟和发展以及高性能永磁材料的不断降价,稀土永磁电机必然会有更广泛的市场前景。

访谈中我们了解到:YC公司对自己的核心业务充满信心,企业未来的营销战略将致力于该产品在国内市场的开发和渗透。但随着市场竞争的加剧,企业在营销方面的投入不能简单停留于广告的狂轰滥炸,除了强化产品过硬的价值和体验外,还需强化品牌和企业文化意识,迫切需要在专家指导下打造品牌形象,更科学地规划公司战略,以提升公司的软实力和国际竞争力,这些都是大多数中小企业尤其是民营企业的薄弱环节。

谈到企业未来发展战略时,公司认为:短期看,公司想继续静心扎根于高科技制造业,在产品和技术上往纵深挖掘,强化品牌建设,扩大现有市场份额;长期看,信息产品和消费类电子产品向微轻薄方向发展,对其配套电机提出了小型化、片状化的要求,稀土永磁材料将在微特电机领域有更为广泛的应用空间,未来如有可能,他们不排除涉足民用微特电机技术研发和生产的可能性。

五、企业的员工管理

产品是企业的生命线,而员工是产品的生命线。与很多中小制造企业一样,YC公司也面临职业工程师紧缺、技术工人流动频繁、劳动力成本过高以及劳资信任危机等管理问题。调研中发现:每年春节以后企业都会面临不同程度的用工荒。王总说:"2011年的时候尤为严重,尤其是职业工程师紧缺,这严重影响了企业的正常生产和运营。同时,员工的频繁流动使企业对员工的前期投入成本和职位的重置成本提高,这给企业的人力资源管理带来了更大挑战。"我们认为:要走出这种困境,一方面,国家应该注重职业技工和工程师人才的培养和输送,提高技术工人的职业地位;另一方面需要相关部门清晰界定其技术等级及对应的行业薪资标准,避免劳动力的盲目流动。只有这样,中小企业才敢在员工的技能和培训上大量投入,建立长期导向和相互信任型的雇佣关系。

伴随着民营企业的成长与发展,继任者选择问题随之凸显。根据2011年中国胡润百富榜数据,中国民营企业家平均年龄51岁,民营企业将在未来10年左右步入权力交接高峰。访谈中我们了解到:在江苏,30%~40%的家族企业倾向于子女接班,20%的企业采取引入外部职业经理人或团队的管理模式,还有近40%的企业仍在寻找传承的路径。子(女)承父业是国内许多民营企业家首选的继任模式。目前,YC公司也选择了这种接班模式:因为家族企业的互信度和忠诚度高,有共同的文化背景和相似的生活圈子,能够增强管理团队的信任,降低经营的信任风险,形成良好的沟通氛围,较易传承企业家精神。我们认为:这种古老和普遍的传承模式在企业规模尚小,技术环境简单的条件下是适用的,但随着家族企业规模的扩张,对人才的需求日益增多,对管理者才能和制度建设的要求也会相应提高,如果继续采用家族化治理,可能会制约企业未来的发展。因此,家族企业应该考虑现代化企业制度,如职业经理人和团队经营管理模式。家族企业管理专业化的重要标志就是企业的高级职位有非家族成员的一席之地,并得到一定信任。未来的企业高管层中应有一些非家族成员,这样,决策时可避免公司利益和家族利益搅和在一起的弊端。但需要注意的是,家族企业引入外部人才也不能过于冒进,尤其是在我国目前私有产权的法律保护制度、商业机密保护制度、职业经理人制度以及合伙企业制度等法规尚不完善的情况下,为确保企业的安全经营,从外部引入职业经理人时,要按照管理层级和决策权限逐步任命。

六、企业最希望得到的政策支持

在对 YC 公司的深度调研中,我们发现以该公司为代表的江苏民营企业最迫切希望得到来自政府层面以下几方面的支持:① 完善中小企业融资信用担保体系,拓宽融资渠道;② 对中小制造业企业提供技术创新层面的财政扶持和奖励;③ 加大对高科技制造业的税收减免和优惠力度;④ 继续加大国有行业对民营资本的开放力度。

YC 公司已经走过近十年的发展历程,出于对公司的深厚感情,对公司发展目标的信心,他们不会轻易变换跑道,也不会热衷于金融资产的投资,而是把踏踏实实做好实业作为公司的毕生追求。尽管未来会有很多不确定性,会面临很多困难,但从他们乐观坚毅的目光中我们仿佛看到了江苏民营企业未来发展的春天。

7.4　江苏中小企业的政府服务体系现状分析①
吴凤菊

2014 年 7 月至 9 月,南京大学金陵学院企业生态研究中心(以下简称研究中心)组织商学院在校师生对南京、无锡、徐州、常州等江苏省 13 个省辖市的中小企业进行了问卷调查。本次调研回收有效问卷 3 500 份,调研针对江苏省中小企业过去和未来六个月的成长态势和对前景的预期,研究、编制和发布江苏中小企业景气指数和江苏中小企业生态环境报告,并针对存在的问题,研究政府服务方面的不足,提出创建政府服务创新体系的建议。

一、江苏省景气指数分类及现状

根据调研问卷的信息,研究中心将江苏省中小企业景气指数分为生产景气指数、市场景气指数、金融景气指数、政策景气指数四个二级指标。其中,政策景气指数包含的要素有融资可获性、税收负担、行政收费、人力成本等几个方面。

表 7-4-1　景气指数等级构成及说明

指数区间	颜色	状态预报
150～200	蓝灯区	无
90～150	绿灯区	无
50～90	黄灯区	预警
20～50	红灯区	报警
0～20	双红灯区	加急报警

为更好地关注景气指数的方向性,特别是监测中小企业景气下行态势,研究中心将景气指数分为 5 个等级,如表 7-4-1 所示。

当景气指数在 150～200 之间为蓝灯区,90～150 之间为绿灯区,这两个区域表明企业景气呈比较乐观或乐观态势;指数在 50～90 之间为黄灯区,须立即启动预警;当景气指

---

①　本调研报告是 2014 年江苏中小企业生态环境评价的子课题,作者系南京大学金陵学院企业生态研究中心研究员、南京大学金陵学院商学院副教授。

数下行到 20～50 区间,即红灯区,表明景气恶化,须立即启动报警;当景气指数暴跌到 0～20 区间,即双红灯区,表明危机随时可能爆发,须加急报警。

根据江苏中小企业景气指数二级指标的分类及等级的设定,研究中心将收回的 3 500 份有效问卷进行了统计整理,得出了全省和 13 个市中小企业的总景气指数,以及中型、小型和微型企业的具体景气指数。因江苏省下属城市较多,本文根据苏南、苏中、苏北三区域的划分,分别选取苏州、泰州、徐州三个代表城市的景气指数进行分析,如表 7-4-2 所示。

表 7-4-2　2014 江苏省不同地区(城市)和不同规模企业的景气指数

	全省	苏南 (苏州)	苏中 (泰州)	苏北 (徐州)	中型企业	小型企业	微型企业
生产景气指数	103.9	103.7	107.7	98.9	104.7	103.8	103.4
市场景气指数	109.4	110.6	115.8	110.4	109.8	110.4	106.9
金融景气指数	100.3	104.7	104.3	87.8	102.6	98.8	100.9
政策景气指数	88.9	87.5	88.0	83.0	87.9	88.1	91.7

由表 7-4-2 可见,在 4 个二级景气指标中,全省及三区域代表城市的生产景气指数、市场景气指数、金融景气指数几乎都处于绿灯区间,唯独政策景气指数普遍较低。而在苏南、苏中、苏北三区域中,苏北城市的政策景气指数明显偏低(仅为 83.0)。从企业规模上来看,全省中小企业政策景气指数(88.9)、中型企业政策景气指数(87.9)、小型企业的政策景气指数(88.1)都处于黄灯区,仅微型企业的政策景气指数勉强处于绿灯区(91.7)。总之,江苏省企业政策景气指数普遍较低,几乎都处于黄灯区,已经启动预警,反映出中小企业对政府现有政策评价不高,预期不乐观。

二、江苏省对中小企业的政府服务体系现状

近年来,江苏省非常重视对中小企业的扶持和服务,专门设立了江苏省中小企业发展中心(www.js-sme.org.cn)、江苏省中小企业网(www.jste.gov.cn)、江苏省中小企业公共服务平台(www.smejs.cn)、江苏省中小企业协会(www.jsa-sme.org)等官方网站,为中小企业提供各项服务。从 2008 年到 2014 年,江苏省委、省政府对中小企业陆续出台了 30 余项扶持政策,除此以外,江苏省经信委(中小企业局)科技厅、财政厅、金融办、地税局等政府部门对中小企业也陆续出台了 36 项相关政策。根据研究中心对政策景气指数要素的分类,政策环境包括融资支持、税收负担、行政收费、人力成本四个方面,但省级扶持政策一般都涉及前三个方面,关于人力成本的政策较少。

1. 融资支持

融资难题一直是制约中小企业发展的瓶颈,江苏省政府为缓解中小微企业融资难问题,陆续出台了许多扶持政策(见表 7-4-3),为中小企业建立贷款、担保、保险风险补偿机制。

表 7-4-3 2008—2014 年江苏省对中小企业融资支持的政策

发布部门	政策名称	政策文件号	主要内容
省政府	关于促进中小企业平稳健康发展意见的通知	苏政发〔2008〕89 号	加大资金扶持、拓宽中小企业融资渠道等
省财政厅省中小企业局	关于印发江苏省省级中小科技型企业发展专项引导资金管理暂行办法的通知	苏财企〔2008〕184 号、苏中小综〔2008〕72 号	专项资金支持范围,内容和额度;专项资金申请资格及条件等
省银监局	关于进一步推进小企业金融服务工作的意见	苏银监发〔2008〕134 号	创新金融服务,促进中小企业贷款等
省政府	关于鼓励和引导民间投资健康发展的实施意见	苏政发〔2010〕130 号	拓宽民间投资融资渠道,改善融资环境
省政府	关于加快促进科技和金融结合的若干意见	苏政办发〔2011〕68 号	加强科技信贷引导、健全科技金融服务体系等
省政府	省政府关于加大金融服务实体经济力度的意见	苏政发〔2012〕66 号	降低企业融资成本,提高直接融资比重等
省政府办公厅转发	省科技厅、财政厅关于鼓励和引导天使投资支持科技型中小企业发展意见的通知	苏政办发〔2012〕146 号	明确天使投资机构扶持对象,营造天使投资支持科技型中小企业的良好环境

据《江苏经济报》2014 年 10 月 1 日报道,从 2010 年起,江苏省财政安排设立科技贷款风险补偿专项资金共 2.8 亿元,联合市县出资,鼓励和引导银行按 10 倍以上比例向科技型中小型企业发放科技贷款。五年来,全省共计引导银行向 1 538 家科技型中小企业发放贷款 2 494 笔,贷款总额达 60.9 亿元。

2. 税收负担

据江苏财政厅有关资料显示,省财政非常重视对中小企业的税收优惠,落实小微企业增值税、营业税暂免征收及小型微利企业减半征收企业所得税政策。据人民网江苏视窗显示,全省符合条件暂免征收增值税、营业税的小微企业超过 10 万户,年免征税额约 1 亿元。与此同时,按照享受减半征收所得税额由低于 6 万元扩大到 10 万元的新政,预计受惠小微企业将分别增加 2.39 万户、7.4 万户,增长 13%、157%;分别新增减免所得税 2.16 亿元、2.95 亿元,增长 30%、145%;预计 2014 年至 2016 年,累计可减免所得税 57.18 亿元。具体政策如表 7-4-4 所示。

表 7-4-4 2008—2014 年江苏省对中小企业税收方面的政策

发布部门	政策名称	政策文件号	主要内容
省地税局	关于认真落实税收优惠政策扶持中小企业发展的通知	苏地税发〔2009〕3 号	给中小企业创办、创新给予税收优惠,鼓励产权重组、发展循环经济等。

（续表）

发布部门	政策名称	政策文件号	主要内容
省国税局、省地税局、省科技厅、省经济和信息化委	关于印发企业研究开发费用税前加计扣除操作规程(试行)的通知	苏国税发〔2010〕107号、苏地税规〔2010〕5号、苏科政〔2010〕172号、苏经信科〔2010〕395号	项目确认与登记条件,加计扣除,宣传辅导等。
省科技厅	关于贯彻落实财政部国家税务总局研究开发费用税前加计扣除有关政策的通知	苏科政发〔2013〕387号	加强组织领导,推进政策落实,加强政策宣传,主动服务企业

3. 行政收费

在企业减负方面,江苏自 2010 年先后出台了一些免征行政收费的政策,特别是 2013 年,省政府出台了《江苏省行政事业性收费监督管理办法》,要求完善涉企收费的政策制度,做到目录之外无收费(表 7-4-5)。

据江苏省财政厅网站资料显示,2013 年,全省共取消行政事业性收费 49 项、免征 11 项、转经营服务性收费 7 项、不作为行政事业性收费管理 2 项、降低收费标准 17 项,减轻社会负担 8.2 亿元,其中减轻企业负担 6.5 亿元。据《南京日报》2015 年 1 月份统计,自 2008 年以来,江苏省对行政事业性收费进行了多次清理,行政事业性收费由 2007 年底的 374 项,减少为 2015 年的 157 项。而据国家工信部企业负担监测数据显示,2013 年、2014 年江苏连续两年企业负担指数排名全国最低。

表 7-4-5　2008—2014 年江苏省对中小企业行政收费方面的政策

发布部门	政策名称	政策文件号	主要内容
省财政厅省物价局	关于免征小型微型企业部分行政事业性收费的通知	苏财综〔2011〕79号	对小型微型企业暂免征收的行政事业性收费具体项目
省财政厅	江苏省非税收入管理条例	苏财综〔2012〕97号	规范非税收入执收管理,强化非税收入资金监管
省政府	江苏省行政事业性收费监督管理办法	苏政发〔2013〕92号	行政事业性收费的项目设立的原则,标准,管理,监督等
省政府	关于推进简政放权深化行政审批制度改革的意见	苏政发〔2013〕150号	大力精简行政审批事项,继续向社会和基层转移职能、下放权力等

除江苏省已出台的相关扶持政策外,近年来国家科技部、财政部、工信部等部门也陆续出台了许多扶持政策,包括缓解中小企业融资难题,加大财税扶持力度,减轻企业税收及行政负担,完善中小企业服务体系等。对江苏省中小企业来说,国家以及省级的扶持政策数量多,涵盖面广,优惠力度也非常大。可为什么江苏省中小企业的政策景气指数如此偏低呢?

三、江苏省政策景气指数的现状及原因分析

1. 江苏省政策景气现状

据研究中心对中小企业的问卷调研及访谈显示,不少中小企业家对相关扶持政策的

态度并不太乐观,导致最终的政策景气指数相对生产景气、市场景气和金融景气指数明显偏低,基本都处于黄灯区。政策景气指数包括融资可获性、税收负担、行政收费、人力成本四个要素,研究中心在苏南、苏中、苏北三区域分别选择苏州、泰州、徐州三个城市作为代表,具体统计出政策景气指数四个要素的数值,如图7-4-1、图7-4-2、图7-4-3所示。

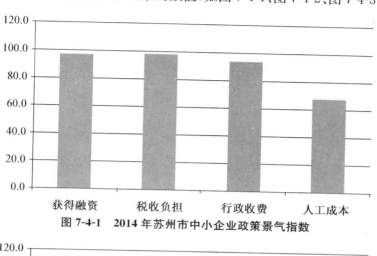

图 7-4-1　2014 年苏州市中小企业政策景气指数

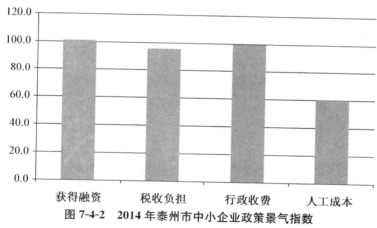

图 7-4-2　2014 年泰州市中小企业政策景气指数

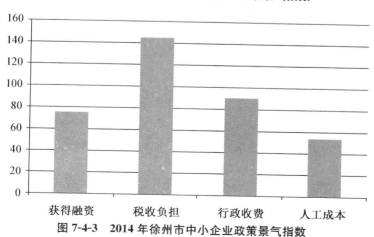

图 7-4-3　2014 年徐州市中小企业政策景气指数

由图 7-4-1 和图 7-4-2 可知,苏州和泰州政策景气指数的四个要素都在 100 以下,其中获得融资、税收负担、行政收费三个要素都在 90～100 之间,反映出景气程度接近。而人工成本景气指数明显偏低,都在 60 左右,已接近红灯区域,将启动报警。由图 7-4-3 可知,徐州政策景气指数的四个要素差异较大,税收负担景气指数超过 140,处于绿灯区域,景气呈现出乐观态势。获得融资景气指数为 75 左右,行政收费为景气指数 90 左右,人工成本景气指数显著偏低,仅有 50 左右。苏州、泰州、徐州是苏南、苏中、苏北三区域的代表城市,其政策景气指数也具有一定的代表性。可见,苏南、苏中的政策景气指数有一定相似性,而苏北地区相对差异较大。整体来看,江苏省三个区域的政策景气指数都不高,而政策景气四个要素中的人工成本景气指数明显偏低,基本都处于报警等级。

2. 政策景气指数偏低的原因分析

在问卷调研过程中,调研人员经常与中小企业家访谈交流,根据访谈资料,结合问卷调研的结果,研究中心总结出政策景气指数偏低的原因如下:

(1) 融资扶持政策众多,但不少成为摆设

国家以及江苏省近年来陆续出台了众多融资扶持政策,包括增加银行信贷支持、设立专项资金、拓宽中小企业直接融资渠道等。但在调研访谈中,不少中小企业家反映很多融资政策为空摆设,很难感受到政策的实际用处。"政策一箩筐,就是见不到钱。"国家有国家的政策,相关部门有相关部门的政策,地方有地方的政策,行业又有行业的政策。"等到自己要融资、要借钱,你根本不知道拿哪一个政策去跟银行说事。"银行冗长的担保过程和繁杂的审核材料使得不少中小企业家不得不放弃银行贷款,转而寻求小额贷款公司或民间高利贷渡过经营难关。如银行要求贷款的中小企业一定要提供财务报表,这就给企业带来审计费用,抵押评估也要费用。经测算,中小企业的资金成本中,除了银行融资成本,其他费用竟占到 60%。

其他一些融资扶持政策,如设立专项资金支持,拓宽直接融资渠道,允许符合条件的企业在中小企业板或创业板上市,通过在资本市场上发行股票或企业债券等方式融资,对于大多中小企业更是可望而不可即,要么条件达不到,要么达到了也很难申请获得专项资金或上市资格。

(2) 税收优惠政策过于片面,申请过程烦琐

目前,我国以及江苏省对中小型企业的税收优惠政策过于片面,大多是关于税率和减免税上的直接优惠,而没有采取国际上流行的投资抵免等间接优惠。直接优惠不仅会减少税收收入,而且优惠的范围仅局限于取得收益的企业,因而其税收优惠政策的效果不明显,中小企业的税收负担仍偏重。

另外,很多税收优惠或补贴的申请都需要中小企业提供大量的材料,材料审核通过后才可以享受相关的优惠,而中小企业,特别是小微企业一般为兼职会计或者会计兼很多的工作,实在没有精力来准备那么多的资料,有时企业无奈只好放弃这笔税收优惠或补贴。

(3) 行政收费虽大幅减免,但部分地区仍落实不力

据省政府官方网站的数据资料显示,自 2012 年出台《江苏省非税收入管理条例》和《江苏省行政事业性收费监督管理办法》两项政策后,近两年的行政收费已大幅减少。但在具体调研访谈中,部分地区的中小企业家仍反映行政收费减免政策落实不力,特别是在

苏北一些城市,工商行政部门对中小企业不一视同仁,在落实行政收费减免的政策上找关系、看情面的情况仍然存在。一些没有关系或者不了解具体行情的中小企业,在办理具体减免时往往被打折扣,不能享受到应有的行政收费减免。

(4) 中小企业人工成本偏高,但相关扶持政策几乎没有

近年来,中小企业主普遍感觉到人工成本越来越高,一方面是因为员工的薪资水平在逐年上升,另一方面,政府要求所有企业为员工缴纳社保。据一位小企业主反映,如果员工工资 12 000 元,实际上公司要承担的成本为 17 040 元,而员工的实际工资只有 9 900 元(税前工资)。"对于绝大多数处于初创期或成长期的小企业来说,如果按照规定来缴纳社保,公司的成本将极大增加,甚至影响到企业的生存。"人力成本上升的直接后果是企业利润空间被压缩。从调研企业情况看,受人力成本上升的影响,多数企业的净利润率呈下降趋势,甚至开始出现亏损。但从江苏省政府发布的政策来看,涉及人工成本扶持的政策几乎没有,这就导致苏南、苏中、苏北三区域的人工成本景气指数显著较低。

(5) 政策扶持宣传力度不够,很多中小企业主并不熟悉政策

据《经济参考报》2014 年 9 月的一篇报道,上海某部门此前曾对 290 家中小企业老总进行调查,74%的老总不经常看政府网站,12%的老总从来不看政府网站,很多法规和扶持措施都没有传递到一线管理人员。江苏省的情况同样不容乐观。调研中发现,很多中小企业主对江苏省相关扶持政策并不了解,或者并不十分熟悉。有些企业主反映政府网站很多,政策也很多,需要时却不知应该去哪里查找。毫无疑问,政府的扶持政策再多,如果基层企业主不了解、不申请,那就不能享受到相关的优惠,政策就变成了一纸空文。

四、提升江苏省中小企业政策景气指数的建议

虽然国家及江苏省已出台了众多扶持中小企业的政策,但中小企业似乎并不领情,对政府政策的评价并不高,态度不乐观,政策景气指数显著偏低。为优化政策落地效果,让优惠效益最大化,提升中小企业的政策景气指数,研究中心结合以上原因分析提出相应建议。

1. 加快中小企业信用体系建设,解决融资难问题

目前,中小企业融资的主要渠道仍然是银行贷款。而中小企业信用体系不健全,银行不得不通过自身力量去调查核实客户的信用状况,或者要求企业提供繁杂的各种担保资料和报表,这就大大提高了中小企业的融资成本,也导致很多企业被迫放弃银行贷款,无法解决融资难题。未来,我国应加快中小企业信用体系的建设,完善征信系统数据库、培育并发展中小企业信用评级市场,从而有效化解企业融资难、融资贵的问题。

2. 扩大税收优惠范围,简化审核流程

在原有税收直接优惠的基础上,借鉴国际上流行的投资抵免税收等间接优惠的做法,进一步扩大税收优惠的范围,真正减轻大多数中小企业的税收负担。同时,尽量简化审核流程,建议采用"一条鞭法"①的征收方式,即对中小企业所有需要缴纳的税收进行测算,确定销售收入 5%或 6%的固定比例,由税务机关统一征收。同时建立江苏省统一的中小

---

①　明代嘉靖时于地方试行新法,是封建税负制度的一大变革。该法简化了赋税征收手续,把田赋和繁杂的徭役、杂税合并统计征收,等等。

企业税收平台，企业只需输入自己的名称，就能知道自己可享受哪些税收优惠，需要交多少税费。

3. 细化行政收费减免的配套措施，加强政策落实的监管

江苏省政府及相关部门应细化行政收费减免的配套措施，加强对中小企业享受行政收费减免的登记备案管理，并将行政收费减免的部分纳入到当地的考核指标中去，提高地方部门推进政策的积极性。同时要加强政策落实的监督检查，对不按规定落实免征行政收费政策的部门和个人给予处罚，并追究责任人员的行政责任。另外通过新闻媒体，向社会公布对中小企业免征的各项行政事业性收费，使企业充分了解和享受到行政收费减免的政策。

4. 出台人力方面的扶持政策，减轻企业人力成本

人力成本过高不仅会压缩中小企业的利润空间，而且会迫使中小企业大量减少就业岗位，而中小企业是我国创造就业的主体，这不利于缓解我国日益严重的就业压力。为协助中小企业解决人力成本过高的难题，国家及江苏省政府应积极出台人力方面的扶持政策。一方面，政府应采取相应政策刺激中小企业新增就业岗位，具体而言，可以对创造新就业岗位的中小企业实施税收减免，或者通过政府财政承担中小企业新就业员工的部分社保支出等。另一方面，政府可设立中小企业人力扶持的专项资金，每年根据中小企业应付工资的总额给予一定的财政补贴。对于内部高素质人才较多，人力成本较重的中小企业，政府可加大补贴或扶持的力度，帮助企业减轻人力成本。

5. 加大政策的宣传力度，提供统一信息平台

国家及江苏省政府不仅要关注扶持中小企业发展政策的制定，更应注重政策的宣传，可借助电视、报纸、网络、微博、微信等媒体，加大相关扶持政策的宣传力度，尽可能使中小企业了解和熟悉这些扶持政策，分享政策优惠，从而提升企业政策景气指数，优化政策生态环境。针对调研中部分小企业主反映的网站多、查找无头绪等问题，建议省政府指定统一的政策信息化平台供企业查询，并根据扶持政策的内容分门别类予以列示，方便中小企业快捷地了解最新优惠政策。

五、小结

近年来，为支持江苏省中小企业的发展，省政府出台了一系列扶持政策，主要包括融资支持、税收优惠、行政收费减免等方面。然而，很多扶持政策在基层中小企业落实得并不十分理想。据研究中心对江苏省中小企业景气指数的调研结果显示，在生产景气指数、市场景气指数、金融景气指数、政策景气指数四个二级指标中，政策景气指数明显偏低。究其原因，主要在于政策被架空、申请繁琐、落实不力、人力政策缺乏、宣传不够等方面。为让江苏省中小企业切实享受到政策的扶持，促进社会就业和经济的发展，亟待省政府高度关注和认真解决上述问题。

7.5　徐州市丰县电动车产业集群案例分析[①]
王　宁

一、总体情况

徐州的集群经济发展在苏北地区处于领先地位。近年来,徐州着力依托优势产业打造特色产业集群和优势产业集群,目前已形成规模不等的各类产业集群近 20 个,聚集了近 2 000 家企业和 50 万从业人员,包括机械产业集群、电动车产业集群、板材产业集群、食品产业集群、化工产业集群、铝制品加工生产产业集群、水泥产业集群。其中丰县的电动车产业集群特点鲜明,因此我们对该产业集群展开分析。

丰县电动车产业集群起步于 2001 年。从 2004 年开始,丰县的电动三轮车产业进入快速发展阶段,迅速成为该县的支柱产业。目前,该县拥有电动三轮车生产企业 200 多家,年生产能力超过 200 万辆,年销售收入 40 多亿元,在全国电动车市场占有率达 50% 以上,成为国内最大的电动三轮车生产基地。

二、机遇与风险并存——发展中面临的问题

在暑期对徐州市丰县电动车产业集群进行问卷调查的过程中,我们团队有幸对当地该产业集群中的部分龙头企业进行了实地访谈。在访谈中,我们不仅接触到了一线的生产人员,深入了解了产品的制造及运维过程,并且还对企业管理层的经营状况也有了较为详尽的观察,包括战略决策、营销、采购、财务等诸多方面,发现了一些该行业当前面临的问题:

（一）对未来发展信心不足

调研中,我们对速利达、平安人家、百事利、康尔斯、鸿利达等一些实力领先型企业进行了走访。例如鸿利达电动车有限公司 2006 年建厂,现有员工 200 名,高级技师 18 名,专业技术人员 88 名。该企业一直积极横向拓展产业链,丰富整车配套产品,现已发展成为集电动车车厢、车架及配套件生产研发的综合性企业;拥有电动三轮车、车架和车厢三条生产线。虽然该公司的整体运营状况良好,但是公司管理层对于未来的发展趋势信心不足。主要问题集中于内部管理成本上升、生产成本提高、销售压力和融资难度加大等方面。

（二）短期利益与长远价值

战略关注的问题主要是长远,方向的选择尤为重要。徐州市虽然具有一定的集群优势、交通地理优势、资源优势和高校优势,但是和苏南以及省外的一些发达地区相比还有不小差距。经过多年的发展,目前集群企业关注的问题已经不仅仅是短期利益如何获取,而是如何实现企业长远价值的增长。

过去,很多公司在自身的产品设计以及制造优化方面投入了很多资源,近年来一些企业更加看重诸如品牌价值、企业整体形象等方面的提升。例如鸿利达电动车邀请著名相

---

① 本调研报告(案例分析)是 2014 年江苏中小企业生态环境评价的子课题,作者系南京大学金陵学院企业生态研究中心研究员、南京大学金陵学院商学院教师。

声演员刘伟为企业形象大使,百事利电动车请著名节目主持人王刚为自己的品牌代言。花费大量的资源在自身品牌的构建,其本身就是一个看重长远的企业行为。但是其中依然存在相应的问题。在如何平衡短期利益和长远价值方面,如果企业有魄力进行长远价值构建固然很好,但是如果方式和方法选择不得当,就会存在隐忧。例如品牌代言的问题,虽然聘请知名艺人作为公司产品的代言能够提升品牌的知名度和美誉度,但是如何真正依靠艺人的品牌形象来代表公司的产品形象则是一个难题。在品牌的构建方面,丰县电动车产业集群的相关龙头企业的品牌构建水平方面依然需要提升。与此同时,构建企业整体形象的设计也是一个不错的看重长远价值的努力。以网站建设为例,上述公司都拥有自己的网站,但是这些网站都或多或少存在一些问题,如网站的互动性不足,网页的整体形象设计缺乏吸引力等。

(三)竞争与合作

根据市场公开资料显示,全县登记注册从事整车和配件生产的企业超过200家,其中整车生产企业80余家,还有部分小规模整车企业移至外地,从丰县进购配件,在销售地就地装配就地经营。而配件生产企业数量超过120家,配套程度相对完善。

为了抢占市场份额、应对激烈的竞争,最有效的方法就是降低产品价格。正常的市场行为并没有对与错之分,关键在于企业核心能力的构建。绝大部分企业目前的生产主要集中在附加值较低的产品,产品核心利益的构建存在空当,产品价格难以提高,而降价只会加剧无序竞争。

其实,合作也是企业之间不错的选择,对于产业集群来说意义重大。当前的问题主要存在于如何合作。这主要取决于企业对竞争集合的划定和企业自身的开放程度。通过调研发现,很多企业在面对合作的时候都能有不错的接纳意识,但是对于如何开展合作却分歧很大。

三、结构与调整——高效发展的建议

对于存在的以上问题,我们建议:

(一)以市场为导向调整产品结构

速利达、平安人家、百事利、康尔斯等一些实力领先型企业经过多年的发展,内部管理制度已较为健全,经营理念较为先进,驾驭市场的能力有了大幅提高。这些企业为巩固和扩大市场份额,提高产品的市场竞争力,近年来开始将投入重点转移到提升企业技术水平和产品品质上来,重视新产品研发,引进和应用新技术,积极研制开发创新型的电动车和零部件,不断推出创新型产品,且产品质量也逐年提高。企业的这种变化表明丰县电动车产业的整体质量正在提升,产业增长方式也开始了良性转变。

市场是检验产品的唯一标准。丰县电动车企业应该在现有产品研发基础上,不断开拓进取,开发出能够更多得到市场认可的产品。与此同时,电动车企业可以丰富公司的产品线,应对不同的目标客户群体。具体措施包括扩展产品线的宽度、长度以及深度。

(二)利用互联网思维构建强势品牌

近几年,移动互联网发展迅猛。如何利用移动互联思维进行企业运营成为许多企业研究的重点。一个企业的强势品牌塑造并非一日之功,但路在脚下。有效利用互联网能够迅速提升企业品牌的口碑。尤其是今天移动互联网发展迅猛,手机终端成为人们接触信息的首选工具。企业更应该将重点放到移动互联网工具的开发上，并有效整合企业与客户之间的接触点。

电动车既有工业品的属性，也有消费品的属性。因此我们建议企业除了要规划好目前的品牌计划外，还应充分利用移动互联工具。例如建立企业的微信公众账号、微信服务号、微博账号，定期发布企业的动态信息，与终端客户建立密切联系；同时，开发互联网销售渠道，通过电子商务平台强大的聚客能力，构建自己的 B2C 平台，也可以与天猫商城、苏宁易购、京东商城等知名电子商务平台运营商合作。

（三）增加集群企业间的合作共享

"单丝不成线、孤木不成林"。合作是当今企业未来的发展趋势。没有一个企业可以在产业链中孤立存在，而外包、前向一体化、后向一体化等战略被很多企业利用。所以企业更应该顺应趋势，用开放和包容的态度对待企业间的合作。

企业集群构建的初衷就是期望集群内企业能够实现有效整合。为避免恶性竞争，企业之间可以定期开展一些交流活动，或由开发区管委会组织定期展会，向市场公开宣传企业的产品。同时，相关上下游企业之间也要经常联络，以开放的视角看待竞争。现代企业的发展过程中，"虚拟组织"的概念也不陌生，企业之间务必将非关键资源进行共享，从而发挥资源最大的价值，顺应时代的变迁。

7.6　连云港市中小企业景气指数调研报告①

刘天骄，李　欣

一、背景意义

改革开放三十余年来，连云港 GDP 的绝对值从 1978 年的 10.45 亿元，增加到 2013 年的 1 785 亿元，总量是 1978 年的 153.44 倍。2013 年，全市中小工业企业共 1 397 户，实现产值 3 028.1 亿元，占全部规模以上工业的 73.3%，同比增长 22%；实现销售收入 2 964.4 亿元，占全部规模以上工业的 73.4%，同比增长 21.5%；实现利税总额 295.7 亿元，占全部规模以上工业的 60.9%，同比增长 14.4%；实现利润总额 187.95 亿元，占全部规模以上工业的 62.4%，同比增长 9.2%。由这些数据可以看出，中小企业是连云港经济发展的重要支柱，研究中小企业的经济状况对连云港地区经济的长期发展具有重要的意义。

本次调研，采用景气指数调查法，该方法较其他的调查方法具有以下优点：首先，该方法是对经济发展的周期波动进行检测和预测的一个重要的统计调查方法，它以企业家为调查对象，采用问卷调查的方式，收集企业家对本行业的景气状况和企业生产经营状况的判断和对未来发展的预期，并根据企业家对宏观经济状况及企业生产经营状况的判断和预期来编制景气指数，从而具有较高的超前性、时效性和准确性；其次，景气调查问卷中的问题主要是以定性判断的选择题出现，弥补了定量指标的一些不足，传统统计资料反映的

① 刘天骄，女，南京大学金陵学院商学院会计系 2012 级财务管理专业学生；李欣，女，管理学博士，南京大学金陵学院企业生态研究中心研究员，南京大学金陵学院商学院教师，连云港调研团队领队，论文指导老师。参与调研和论文写作的还有 2012 级金融学专业学生周宇航、2013 级财务管理专业学生纪莹莹、2013 级会计学专业学生关赵龙。

是客观情况的变化,企业景气调查资料反映的是企业决策者如何解释和评价这些变化。通过对景气指数的计算、对一些相关指标的实证分析,我们可以从一些看似零散的数据中得到连云港地区中小企业的某些方面的状况和存在的问题,进而概括出连云港中小企业的共性特征和存在的共性问题。

基于景气指数调查的以上优点,本调研组利用暑假时间走访了连云港地区的一些中小企业,邀请企业家填写景气指数调研问卷,并对其进行访谈。本次调研报告就是在连云港地区景气指数调查问卷的数据分析和企业家访谈的基础上,分析连云港地区中小企业所发展所面临的现状,以及企业家对未来的预期,探讨连云港地区中小企业发展所面临的问题与契机,希望对于政府政策制定能起到一定的指导意义。

本次调研报告主要分为以下四部分进行论述,首先对样本的特征以及问卷搜集进行基本描述;其次利用 SPSS 统计软件对总体指标以及分指标进行具体的探讨和分析;再次,对一些无法从问卷上显示的热点问题进行探讨;最后我们将总结一下本次调研的不足之处,并对未来调研提出一点建议与看法。

二、问卷搜集以及样本特征描述

本次调研,共发放问卷 155 份,收回有效问卷 143 份。对样本的数据分析汇总可得以下几方面信息。

首先,在本次调研的企业中,从企业所有制类型来看,私营企业所占的比重最大,数量是 60 家,约占全部样本的 40%;其次是部分外资企业,数量是 52 家,约占样本总量的34%;再次是全外资企业,其所占比重约为 18.7%;联合企业和股份制企业所占的比重最小,约各占 3.2%(见图 7-6-1)。

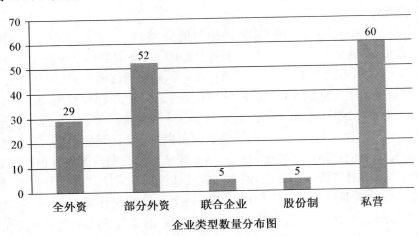

企业类型数量分布图

图 7-6-1　企业类数量分布图

从企业规模来看,本次被调研的企业,从业人数处在 10～100 人的所占比重最大,数量是 81 家,约占 52.3%,大多数被调研企业是小微型企业;其次是从业人数在 100～300人的企业,数量是 31 家,所占的比重为 20%;而 10 人以下的企业和超过 300 人的企业所占的比重相当,各约占总被调查企业的 13%(见图 7-6-2)。

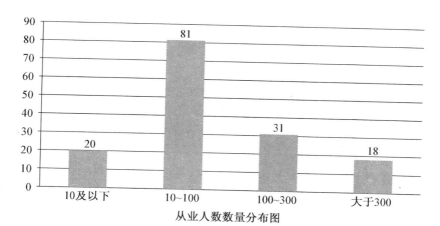

图 7-6-2　从业人员数量分布图

从被调查企业的所在地看,所在地在赣榆和新浦的企业所占的比重最大,各约占23%;其次是灌云,约占被调查企业的 19.4%;而由于调查小组的成员多集中在以上三地,故东海和海州的样本数量较少,分别为 12 家和 6 家(见图 7-6-3)。

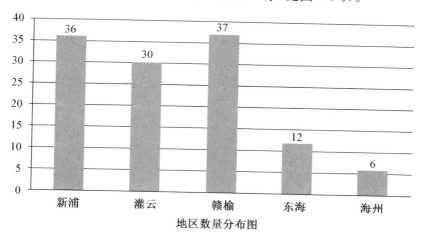

图 7-6-3　地区样本数量分布图

从被调研的企业所处的行业来看,机械制造业占了最大的比重,数量是 78 家,约占全部企业的 50%,由于机械制造业相对于化工业等属于污染较小的行业,连云港地区的政府在招商引资时对机械制造业会比较青睐;其次是批发零售业,数量是 27 家,占被调研企业总数的 17.4%;建筑业企业 17 家占被调研企业总数的 11%;其余的如食品加工业、餐饮业数量为 6~9 家不等。

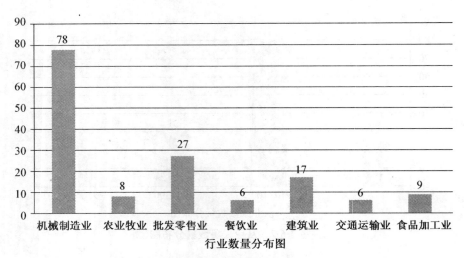

图 7-6-4 行业数量分布图

三、指标计算与指标解读

(一)整体指标计算及其分析

通过计算,我们发现 2014 年江苏省连云港市中小企业景气指数为 110.27,运行在"相对景气"区间。其中,反映企业当前景气状态的即期企业景气指数为 108.70,反映企业对未来景气看法的预期企业景气指数为 111.32,均处于"相对景气"区间。调查结果表明,当前连云港地区的中小微型企业总体状况一般,企业家对未来预期谨慎乐观。这种态度从我们调研的第一个问题也可以显现(见图 7-6-5)。

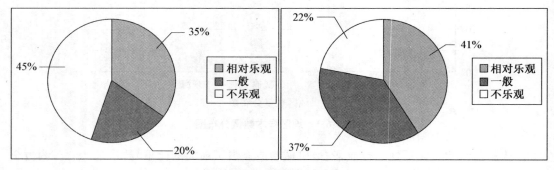

图 7-6-5 行业总体运行情况

当我们请企业家就"行业总体运行状况"的现状进行判断时,回答"一般"以及"相对乐观"的企业家仅占所有样本的 55%(见 7-6-5 左图),但我们请企业家对下半年行业总体运行情况进行预期时,高达 41% 的企业家都认为下半年行业总体运行情况会"相对乐观"(见图 7-6-5 的右图)。从图中可以看出,下半年连云港地区企业家对企业的预期要好于上半年的实际运行状况,在实际的调查过程中了解到的信息可以得出其原因:上半年受国家产业转型升级的影响,连云港地区对一些污染较重、产能过剩、资源利用效率不高的企业进行了升级改造,从而对一些企业的生产和盈利造成一定的影响。到 2014 年下半年,连云港地区的企业升级改造任务已经基本完成,各个企业的工作重心也开始由转型升级过渡到生产,市政府相关部门也采取了一定的措施以促进中小企业的发展,故企业家对下半年的企业运行状况也慢慢恢复信心。以下我们将对一些分指标进行具体解读。

(二)分指标计算及其分析

1. 研究方法

由于整个问卷的题项数目过多,如果每个指标都予以考察不仅会使整篇报告篇幅冗长,而且也不利于我们提取关键因素进行细致分析,由此经过小组讨论,我们决定采用以下方法对收集到的问卷数据进行分析。

表 7-6-1　四大二级指标的分类及其问卷问题分布

市场环境	政策环境	企业管理	融资环境
行业总体运行状况	税收负担	实际产品销售	应收货款
产能过剩	行政收费负担	生产总量	流动资金
新签销售合同		生产成本	融资需求
实际产品销售		盈利(亏损)变化	融资最高成本
产品销售价格		产品销售价格	获得融资
主要原材料及能源购进价格		产成品库存	
主要原材料及能源供应		劳动力需求	
		人工成本	
		固定资产	
		投资计划	
		新产品开发	
		应收货款	

首先,根据问卷设计老师的建议,将 26 个单项指标分成市场环境、政策环境、企业管理、融资环境四个板块作为本次调研的二级指标(详见表 7-6-1),并计算出每一个板块的景气指数。

观察各版块对总体景气指数的推动或制约作用。其次,在四个二级指标中着重分析景气指数最高和最低的两个板块,并具体探究究竟有哪些因素最终推动了该板块成为指标得分最高的板块,以及哪些因素拉低了该板块的指标得分。最后,利用统计分析软件 SPSS 对这些关键因素进行均值、频数和单因素方差分析(ANOVA),以从更深层次探究这些关键因素与其他指标之间的内在联系,并对其具体原因进行分析。

2. 四大分指标的总体分析

根据计算,我们发现四个板块的景气指数从高到低排列分别为:市场环境景气指数 115.96,政策环境景气指数 113.65,企业管理景气指数 106.24,融资环境景气指数 105.16,详见图 7-7-6。可见企业家对市场环境的现状以及预期评分较高,对连云港市中小企业的总体景气指数指标起主要拉动作用,而企业家对融资环境评价得分较低,在总体上对整体指标的得分产生抑制作用。因此,下面我们将主要就得分最高的市场环境指数和得分最低的融资环境指数及其影响因素进行具体分析,以探究其深层原因。

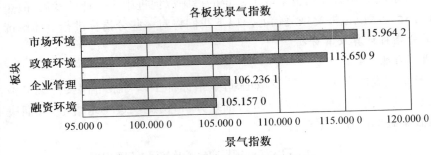

图 7-6-6　二级指标景气指数得分图

3. 市场环境二级指标分析

为了更好地将各个因素对市场环境指标的影响区分出来,我们又分别计算了各个题项的景气指数,各个题项指标得分排列如下(见表7-6-2):

从表7-6-2中,我们发现了一些有趣的问题:从数据来看,中小企业产能过剩问题对于连云港市的中小企业而言似乎并不存在,因为无论是对产能过剩现状还是预期的评价,企业家对产能过剩是否增加这一问题普遍评价较低(得分仅为 86.83),这不禁引起了我们的浓厚兴趣。因为目前从全国范围来看,由于受到全球以及我国最近几年整体经济增速放缓的影响,以出口为导向的企业生产遭受重大打击,很多企业,特别是中小企业都遇到了产能过剩的问题,但是从连云港地区的调查数据分析来看,产能过剩的问题似乎并不严重。这是什么原因呢?

表 7-6-2　市场环境分指标内各题项的得分汇总

题项	得分
主要原材料及能源供应	133.01
行业总体运行状况	128.61
实际产品销售	122.53
产品销售价格	118.01
新签销售合同	114.24
主要原材料及能源购进价格	103.97
产能过剩	86.83

如果具体分析表中的其他题项,这个现象还是很容易解释的。首先,很多企业家对行业总体运行状况评价较高(得分为 128.61),而且对于样本企业而言,他们的实际产品销售较为理想(得分为 122.53),产品销售价格也较为满意(得分为 118.01),新签销售合同也有不断增长的趋势;另外,从原材料供应来看,大部分企业家都认为主要原材料以及能源购进价格在下半年有降低的可能(得分为 103.97)。所以我们可以初步判断,大部分中小企业的产品生产基本上是由销售驱动的,而且企业从销售中获得了较为满意的利润。

很多企业为了防止产能过剩,一般都采取按订单生产的方式。从访谈中我们发现,很多企业,例如在号称中国旋耕机之都的赣榆的企业,由于企业资金约束较强,本身也具有一定的风险防范意识,为了降低风险与成本,他们一般都是按订单生产的,这就可以在一定程度上控制库存,避免产能过剩问题的发生。另外,为了进一步探究企业家对产能过剩的判断是否会随着企业规模以及企业的所有权类别而发生变化,我们对产能过剩进行了单因素方差分析(ANOVA),分析结果显示不同企业规模的企业家对产能过剩的现状以及下半年预期的判断不存在显著差异。虽然不同所有制企业类型的企业家(私营、股份、联营企业、部分外资、全部外资)对产能过剩这一问题的回答存在显著差异($p < 0.05$),但统计发现只有全部外资企业与股份制企业相比,其产能过剩较为严重。

4. 融资环境二级指标分析

根据分指标计算,我们发现融资环境的景气指数得分最低。同时在调查走访中,很多中小企业家也向我们反映融资是制约企业经营的一个重要问题,为此下面我们将主要探究并具体分析一下企业"融资环境"分指标及其突出题项。

表 7-6-3 融资环境分指标内各题项的得分汇总

题项	得分
应收货款	89.56
融资成本	103.36
获得融资	108.29
融资需求	108.55
流动资金	114.70

如表 7-6-3 所示,融资环境二级指标下共有应收货款、流动资金、融资需求、融资成本、获得融资五个题项,根据计算所得,我们发现拉低融资环境分指标,即得分最低的两个题项分别为"应收货款"(得分为 89.56)以及"融资成本"(得分为 103.36)。

"应收货款"作为得分最低的一个题项,表明了连云港市的中小企业大多面临着应收账款增加或者预期增加的问题。与刚刚分析过的"产能过剩"指标结合起来看,我们估计企业销售的增加很有可能是通过宽松的信用政策,即采用赊销的方式来完成的。虽然产品销售形势较好,但是却给企业带来了一定的财务风险,坏账可能性由此增加。在实地调查中我们也了解到,很多高管对于企业财务状况没有一个准确的定位,对于资金运用没有清晰的规划。连云港市的中小型企业大多处于成长期,造成了多数中小型企业管理者对于财务管理方面不够重视,有的企业仅保持最基础的会计职务,缺乏优秀的财务管理人才对企业财务状况严格把控,呆账坏账较多,一些账款无法收回。为了进一步细化研究,我们对"应收账款"题项也做了 ANOVA 分析,结果发现不同企业规模以及不同所有制类型的企业家对应收账款的现状以及下半年预期的判断不存在显著差异。这说明应收账款问题对于各个规模以及所有制类型企业而言可能都是一个普遍的问题。

如表 7-6-3 所示,融资成本较高也是拉低融资环境总体指标得分的另一重要题项。在回答"上半年本企业获得融资的最高成本"这一问题时,有 32% 的企业选择了自己企业的融资成本高达 40%，有 29% 的企业家选择了自己企业的融资成本为 20%（见图 7-6-7）。这不禁引起了我们的反思，因为选择这两个选项的企业占了所有企业的近 61%。

为了更好地对融资成本进行分析，我们选用了 ANOVA 分析方法，首先来看不同规模企业的最高融资成本是否存在显著差异，结果验证了我们的猜想（见表 7-6-4）。根据表 7-6-4 数据，我们可以清晰地看出，微型、小型、中型企业的最高融资成本存在显著差异。

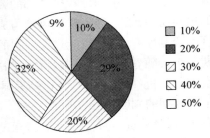

融资最高成本选项

图 7-6-7　融资最高成本分布

表 7-6-4　融资成本的单因素方差分析（不同企业规模比较）

(I) 企业类型	(J) 企业类型	Mean Difference (I-J)	Std. Error	Sig.	95% Confidence Interval	
					Lower Bound	Upper Bound
微型	小型	−1.040*	0.315	0.014	−1.93	−0.15
	中型	−1.046*	0.326	0.019	−1.97	−0.12
小型	微型	1.040*	0.315	.014	0.15	1.93
	中型	−0.005	0.265	1.000	−0.76	0.74
中型	微型	1.046*	0.326	0.019	0.12	1.97
	小型	0.005	0.265	1.000	−0.74	0.76

*. The mean difference is significant at the 0.05 level.

表 7-6-5　融资成本的单因素方差分析（不同所有制类型企业比较）

注册资金构成	注册资金构成	Mean Difference (I-J)	Std. Error	Sig.	95% Confidence Interval	
					Lower Bound	Upper Bound
私营	股份	−0.443	0.448	0.912	−1.84	0.96
	联营	0.640	0.496	0.796	−0.91	2.19
	部分外资	1.926*	0.377	0.000	0.75	3.10
	全部外资	1.265*	0.296	0.002	0.34	2.19
股份	私营	0.443	0.448	0.912	−0.96	1.84
	联营	1.083	0.562	0.450	−0.67	2.84
	部分外资	2.369*	0.461	0.000	0.93	3.81
	全部外资	1.708*	0.398	0.002	0.47	2.95
联营	私营	−0.640	0.496	0.796	−2.19	0.91
	股份	−1.083	0.562	0.450	−2.84	0.67
	部分外资	1.286	0.508	0.178	−0.30	2.87
	全部外资	0.625	0.451	0.750	−0.78	2.03

（续表）

注册 资金构成	注册 资金构成	Mean Difference （I-J）	Std. Error	Sig.	95% Confidence Interval	
					Lower Bound	Upper Bound
部分外资	私营	−1.926*	0.377	.000	−3.10	−0.75
	股份	−2.369*	0.461	0.000	−3.81	−0.93
	联营	−1.286	0.508	0.178	−2.87	0.30
	全部外资	−0.661	0.316	0.363	−1.65	0.33
全部外资	私营	−1.265*	.296	.002	−2.19	−0.34
	股份	−1.708*	0.398	0.002	−2.95	−0.47
	联营	−0.625	0.451	0.750	−2.03	0.78
	部分外资	0.661	0.316	0.363	−0.33	1.65

*. The mean difference is significant at the 0.05 level.

微型企业的最高融资成本在这三个企业中最低,微型企业的融资成本均值比小型企业低 1.040（$p < 0.05$）,比中型企业低 1.046（$p < 0.05$）,显著低于另外两个规模的企业;小型企业融资成本的均值显著高于微型企业,两者均值差异分别为 1.04（$p < 0.05$）和 1.933（$p < 0.05$）。所以我们很惊讶地发现,企业最高融资成本有随着企业规模的增大而不断增长的趋势。

在访谈中,我们了解到,这可能与小微型企业的融资渠道有关,小微型企业由于自身信用问题,无法获得银行等外部融资,只好借助于自己的亲戚朋友,而由于具有血缘关系,亲友们的借款一般利率都较低,显著低于银行长期利率水平;那些可能更具有向银行筹资的中型企业,反而银行长期贷款利率较高,要高于家庭内部融资成本。

除此之外,我们也做了 ANOVA 分析,想看一下不同所有制类型企业的融资成本是否存在差异。结果显示,私营企业以及股份制企业的融资成本显著高于部分外资企业和全部外资企业。这也说明了由于融资平台较为缺乏,私营企业可能由于自身信用问题,无法获得银行的融资,所以只能借助成本更高的融资渠道,融资成本负担较大。

从融资环境的其他指标来看,大部分企业的流动性资金都比较充裕,虽然具有一定的融资需求,但是他们的需求也能够在一定程度上得到满足。这个从流动资金、融资需求以及获得融资三个指标的较高得分可以得出相关结论。

四、其他热点问题与相关建议

根据以上的数据分析,以及我们的访谈所见,我们认为连云港地区还有以下几个问题值得我们关注并思考。

（一）企业家的融资态度问题

在调研过程中,我们发现在谈到融资问题时,很多企业家都表示本企业的融资需求并不是很大,而且也可以比较满意地通过一些方式来满足自身的融资需求,这个我们从上文分析的数据也可以看出。很多企业家并不太愿意进行融资,"不愿融"成为一种普遍现象。这个与我们平时的认识存在巨大反差,我们总是认为对于中小企业而言,由于受到资源发展的限制,以及自身信用风险,银行等一些正规的融资渠道并不太愿意向中小企业进行贷款,导致企业资金缺口较大,所以企业家应该非常愿意进行融资。但是在调查中,我们却发现,真正有很高融资意愿的企业家数量并不是很多。很多企业更偏好于通过向亲戚朋友借款的方式进行内部融资,而向银行或者其他金融机构贷款的意愿较低。我们分析,一方面,可能因为企业之前也向这些机构借过款,但屡遭拒绝,使企业逐渐丧失了向这些金融机构筹资的信心,而主动拒绝向这些机构寻求帮助。有一个典型例子,国家曾给予连云港一笔支撑港口及企业发展的低息贷款,但是最后那笔贷款竟然没有被充分利用就还给了国家。说明中小企业普遍不太愿意通过这一渠道募集资金。造成企业家"不愿融"的另一方面原因可能在于企业家已通过其他渠道满足了自身的融资需求,所以不愿意再进行融资,比如通过向亲戚朋友等借款,或者亲友参与投资的方式完成融资。最后一个原因,可能是企业家普遍具有"有多大钱办多大事"的共识,安于现状不去扩大生产。大部分企业家风险意识太强,在访谈中,我们了解到,很多企业都担心自己企业的经营收入无法承担银行高额的利息费用,担心"一夜回到解放前"。所以,安于现状、担心风险也使得很多连云港市企业家在融资面前止步不前。

针对"不愿融"的问题,政府可以首先加大宣传力度,通过组织相关部门人员和中小企业家去江苏其他相对经济发达的地区学习先进的企业经营思想理念,同时组织无锡、苏州等中小企业发展较好的地区的中小企业家代表来连云港进行指导,从思想源头改善企业家对融资态度过于保守的问题。其次,积极引导企业家发现更多的投资机会,通过完善政府中介服务平台,加大招商引资,为中小企业的进一步发展创造更多的机会。在机会的驱动下,促使中小企业扩大其融资需求,转变其"不愿融"的态度。最后,政府也应进一步完善金融借贷平台,健全小企业贷款风险补偿机制,建立信用联盟体。例如从2009年以来,为进一步激励各金融机构支持中小企业贷款需求的积极性,连云港市经信委同财政局、人民银行等部门建立健全了小企业贷款风险补偿机制,联合江苏银行连云港分行建立了金山工业园区等信用联盟体,这个就是一个很好的开端。

(二)中小企业普遍面临着创新不足的问题

在调研过程中,我们发现许多中小企业存在"小家小业"的现实状况。当我们问及企业家"上半年本企业新产品开发比去年同期"以及"下半年本企业新产品开发预计比上半年"增加与否这样的问题时,仅有33.1%的企业回答本企业存在新产品开发,而回答下半年要进行新产品开发的只有31%,比上一个问题还下降了2%。我们同时也发现大部分进行或者将要产品开发的企业主要集中在制造业这种资金较为雄厚的企业,其他类型企业只能望"新"而叹。

另外根据所查公开数据(见图7-6-8),我们又进一步印证了连云港市中小企业创新能力不足的现状。目前连云港大多数中小企业属于半机械化为主的劳动密集型企业。中小企业只有13%设立科研开发机构;70%企业的技术开发经费只占当年销售收入的1%以下;82%的企业没有自己的技术发明和专利产品;75%的企业未通过ISO9100国际产品质量认证。因此创新能力不足已严重制约了连云港中小企业竞争力的发展以及竞争优势的形成。

通过对企业家的访谈,我们发现造成企业创新不足的原因主要有两个,一个是资金限制,另一个是人才缺乏。从资金限制角度来看,一方面,许多中小企业"小家小业"的现实状况,很难保证有专门资金用于研发;另一方面,金融机构"嫌贫爱富"心理非常明显,导致

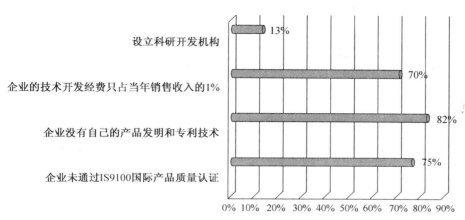

图 7-6-8　2014 年连云港中小企业创新投入

贷款主要流向效益良好的大企业,而规模较小的中小企业很难获得需要的贷款。从人才缺乏的角度来看,很多企业家都指出企业高层次人才明显缺乏,这使得中小企业的自主创新更是雪上加霜。有企业家就明确指出,连云港市本就属于中小城市,不比北上广,所以更别说外来劳动者,只单是本地高层次人才都很少愿意待在连云港工作,这就导致连云港成为西部劳务人员的收容所。

为了解决企业创新不足问题,我们觉得从政府角度出发,除了进一步完善融资机制帮助中小企业想融资,融到资,应真正落实相应的人才和财政政策。"政府的重要的职能是为技术创新和高新技术产业发展营造适宜的制度环境。"淮海工学院吴价宝教授如此说。制度上的有效革新和健全才能够为中小企业的自主创新提供根本保证,创新的活力才有源头。在吸引人才上,政府部门应落实好吸引高层次人才的优惠政策,不仅要制定合适的财政扶持政策,而且必须加大各项扶持政策执行力度,把各项扶持政策落到实处。连云港市一位知名企业家曾说:"这些政策的落实比制定更有现实意义。"另外,从企业角度而言,企业也应创新用人制度,完善绩效考核机制和福利机制,用更好的职业生涯规划以及更高的薪酬水平来吸引更多高层次人才,为企业的发展与创新出谋划策。

除此之外,考虑到中小企业自身的缺陷,连云港市政府应帮助中小企业健全完善企业研发机构建设。政府在投入引导、沟通协调、信息提供等方面,以及咨询、招标、投资担保等中介机构在综合服务上,可以给予中小型企业一定的帮助,真正做到充分发挥各自的优势、促进中小企业发展。

五、研究不足与未来研究建议

本次调研由 13 名同学历经一个半月完成,虽然样本数据的总体质量较高,从中我们可以对连云港中小企业的生存现状以及企业家对下半年企业内外环境的预期做一个大致的把握与了解,但是在调研过程中,我们也发现了一些问题,希望在明年的调查中予以修正和改进。首先,由于参与调研的东海同学仅有一名,导致本次调研涉及东海地区的问卷数量不是很多,以致对连云港水晶产业企业的研究可能不是很够。其次,本次调研的问卷数量受到人力和物力的限制不是十分多。我们希望在今后的景气指数调研中能够克服以上两个问题,以进一步提高调研的质量与水平。

附录1　即期景气指数相关系数矩阵

	1. 总体运行状况	4. 生产总量	5. 生产成本	6. 产能过剩	7. 盈利（亏损）变化	8. 新签销售合同	9. 实际产品销售	10. 产品销售价格	11. 营销费用	12. 产成品库存	13. 主要原材料及能源购进价格
1. 总体运行状况	1.000	0.399	0.044	−0.037	0.416	0.488	0.480	0.301	0.243	0.194	−0.018
4. 生产总量	0.399	1.000	0.035	−0.008	0.377	0.407	0.456	0.233	0.217	0.176	−0.002
5. 生产成本	0.044	0.035	1.000	0.027	0.059	0.074	0.045	−0.015	−0.181	0.184	0.301
6. 产能过剩	−0.037	−0.008	0.027	1.000	−0.036	−0.035	−0.043	−0.041	0.011	−0.008	0.065
7. 盈利（亏损）变化	0.416	0.377	0.059	−0.036	1.000	0.522	0.548	0.323	0.157	0.203	0.006
8. 新签销售合同	0.488	0.407	0.074	−0.035	0.522	1.000	0.676	0.339	0.257	0.241	−0.007
9. 实际产品销售	0.480	0.456	0.045	−0.043	0.548	0.676	1.000	0.327	0.253	0.229	−0.044
10. 产品销售价格	0.301	0.233	−0.015	−0.041	0.323	0.339	0.327	1.000	0.223	0.187	−0.122
11. 营销费用	0.243	0.217	−0.181	0.011	0.157	0.257	0.253	0.223	1.000	0.060	−0.160
12. 产成品库存	0.194	0.176	0.184	−0.008	0.203	0.241	0.229	0.187	0.060	1.000	0.112
13. 主要原材料及能源购进价格	−0.018	−0.002	0.301	0.065	0.006	−0.007	−0.044	−0.122	−0.160	0.112	1.000
14. 主要原材料及能源供应	0.280	0.183	−0.119	0.003	0.220	0.235	0.228	0.119	0.247	−0.016	0.020
15. 应收货款	0.056	0.012	0.154	−0.020	0.082	0.055	0.048	0.101	−0.048	0.164	0.150
16. 流动资金	0.305	0.249	0.124	−0.026	0.290	0.334	0.321	0.247	0.105	0.197	0.079
17. 融资需求	0.116	0.090	−0.053	0.034	0.096	0.133	0.158	0.122	0.225	0.037	−0.065
18. 获得融资	0.224	0.170	0.126	0.004	0.172	0.233	0.210	0.155	0.076	0.178	0.100
21. 行政收费	−0.001	−0.013	0.058	0.007	−0.012	0.012	0.007	0.060	0.084	0.087	0.005
22. 劳动力需求	0.298	0.260	−0.014	−0.026	0.286	0.341	0.349	0.221	0.233	0.180	−0.083
23. 人工成本	0.277	0.192	−0.226	−0.011	0.171	0.208	0.228	0.191	0.356	−0.021	−0.184
24. 固定资产投资计划	0.291	0.236	−0.038	−0.017	0.264	0.310	0.314	0.202	0.229	0.089	−0.056
25. 新产品开发	0.281	0.216	0.013	0.008	0.253	0.320	0.338	0.170	0.198	0.095	−0.022
26. 企业综合生产经营状况	0.538	0.377	0.022	−0.018	0.459	0.510	0.525	0.304	0.246	0.231	−0.029

附录 1　即期景气指数相关系数矩阵(续)

	14. 主要原材料及能源供应	15. 应收货款	16. 流动资金	17. 融资需求	18. 获得融资	21. 行政收费	22. 劳动力需求	23. 人工成本	24. 固定资产投资计划	25. 新产品开发	26. 企业综合生产经营状况
1. 总体运行状况	0.280	0.056	0.305	0.116	0.224	−0.001	0.298	0.277	0.291	0.281	0.538
4. 生产总量	0.183	0.012	0.249	0.090	0.170	−0.013	0.260	0.192	0.236	0.216	0.377
5. 生产成本	−0.119	0.154	0.124	−0.053	0.126	0.058	−0.014	−0.226	−0.038	0.013	0.022
6. 产能过剩	0.003	−0.020	−0.026	0.034	0.004	0.007	−0.003	−0.011	−0.017	0.008	−0.018
7. 盈利(亏损)变化	0.220	0.082	0.290	0.096	0.172	−0.012	0.286	0.171	0.264	0.253	0.459
8. 新签销售合同	0.235	0.055	0.334	0.133	0.233	0.012	0.341	0.208	0.310	0.320	0.510
9. 实际产品销售	0.228	0.048	0.321	0.158	0.210	0.007	0.349	0.228	0.314	0.338	0.525
10. 产品销售价格	0.119	0.101	0.247	0.122	0.155	0.060	0.221	0.191	0.202	0.170	0.304
11. 营销费用	0.247	−0.048	0.105	0.225	0.076	0.084	0.233	0.356	0.229	0.198	0.246
12. 产成品库存	−0.016	0.164	0.197	0.037	0.178	0.087	0.180	−0.021	0.089	0.095	0.231
13. 主要原材料及能源购进价格	0.020	0.150	0.079	−0.065	0.100	0.005	−0.083	−0.184	−0.056	−0.022	−0.029
14. 主要原材料及能源供应	1.000	−0.011	0.228	0.097	0.104	−0.062	0.205	0.346	0.200	0.180	0.288
15. 应收货款	−0.011	1.000	0.215	−0.064	0.193	0.105	0.000	−0.079	0.042	0.060	0.075
16. 流动资金	0.228	0.215	1.000	−0.067	0.428	0.050	0.199	0.099	0.223	0.200	0.377
17. 融资需求	0.097	−0.064	−0.067	1.000	−0.048	0.052	0.136	0.244	0.167	0.125	0.141
18. 获得融资	0.104	0.193	0.428	−0.048	1.000	0.096	0.147	0.038	0.192	0.205	0.315
21. 行政收费	−0.062	0.105	0.050	0.052	0.096	1.000	0.126	0.040	0.108	0.069	0.031
22. 劳动力需求	0.205	0.000	0.199	0.136	0.147	0.126	1.000	0.379	0.361	0.276	0.349
23. 人工成本	0.346	−0.079	0.099	0.244	0.038	0.040	0.379	1.000	0.287	0.214	0.294
24. 固定资产投资计划	0.200	0.042	0.223	0.167	0.192	0.108	0.361	0.287	1.000	0.427	0.359
25. 新产品开发	0.180	0.060	0.200	0.125	0.205	0.069	0.276	0.214	0.427	1.000	0.383
26. 企业综合生产经营状况	0.288	0.075	0.377	0.141	0.315	0.031	0.349	0.294	0.359	0.383	1.000

附录 2　预期景气指数相关系数矩阵

	1. 总体运行状况	4. 生产总量	5. 生产成本	6. 产能过剩	7. 盈利（亏损）变化	8. 新签销售合同	9. 实际产品销售	10. 产品销售价格	11. 营销费用	12. 产成品库存	13. 主要原材料及能源购进价格
1. 总体运行状况	1.000	0.519	0.149	−0.013	0.398	0.408	0.357	0.240	0.174	0.154	−0.043
4. 生产总量	0.519	1.000	0.229	−0.028	0.540	0.571	0.509	0.311	0.302	0.207	−0.068
5. 生产成本	0.149	0.229	1.000	0.029	0.133	0.139	0.148	0.145	0.296	0.035	−0.097
6. 产能过剩	−0.013	−0.028	0.029	1.000	−0.048	−0.016	−0.002	0.007	−0.009	−0.067	0.065
7. 盈利（亏损）变化	0.398	0.540	0.133	−0.048	1.000	0.568	0.469	0.350	0.236	0.243	−0.006
8. 新签销售合同	0.408	0.571	0.139	−0.016	0.568	1.000	0.550	0.371	0.268	0.210	−0.068
9. 实际产品销售	0.357	0.509	0.148	−0.002	0.469	0.550	1.000	0.325	0.248	0.187	−0.053
10. 产品销售价格	0.240	0.311	0.145	0.007	0.350	0.371	0.325	1.000	0.193	0.153	−0.084
11. 营销费用	0.174	0.302	0.296	−0.009	0.236	0.268	0.248	0.193	1.000	0.122	−0.165
12. 产成品库存	0.154	0.207	0.035	−0.067	0.243	0.210	0.187	0.153	0.122	1.000	0.031
13. 主要原材料及能源购进价格	−0.043	−0.068	−0.097	0.065	−0.006	−0.068	−0.053	−0.084	−0.165	0.031	1.000
14. 主要原材料及能源供应	0.235	0.245	0.170	−0.014	0.283	0.260	0.233	0.138	0.221	0.118	−0.045
15. 应收货款	0.058	0.082	0.020	−0.027	0.099	0.054	0.070	0.084	0.003	0.169	0.122
16. 流动资金	0.251	0.269	0.046	−0.036	0.276	0.281	0.222	0.245	0.067	0.142	0.053
17. 融资需求	0.079	0.142	0.109	0.003	0.077	0.109	0.114	0.102	0.215	0.028	−0.063
18. 获得融资	0.160	0.177	0.012	−0.008	0.213	0.206	0.185	0.173	0.092	0.140	0.062
19. 融资成本	0.001	−0.001	−0.053	0.036	−0.008	0.014	0.021	0.039	−0.079	0.096	0.154
20. 税收负担	−0.025	0.013	0.051	−0.020	−0.019	0.018	0.032	0.073	0.055	0.114	−0.033
21. 行政收费	−0.023	−0.006	0.028	0.027	−0.006	−0.001	0.006	0.071	0.093	0.105	0.016
22. 劳动力需求	0.226	0.365	0.158	−0.048	0.305	0.339	0.299	0.196	0.253	0.177	−0.084
23. 人工成本	0.217	0.261	0.280	−0.068	0.211	0.205	0.197	0.148	0.347	0.065	−0.190
24. 固定资产投资计划	0.223	0.313	0.114	0.014	0.289	0.314	0.263	0.188	0.215	0.088	−0.057
25. 新产品开发	0.243	0.349	0.098	−0.033	0.314	0.360	0.313	0.211	0.215	0.102	−0.062
26. 企业综合生产经营状况	0.492	0.502	0.111	−0.035	0.469	0.468	0.405	0.310	0.254	0.190	−0.063

附录2　预期景气指数相关系数矩阵(续)

	14. 主要原材料及能源供应	15. 应收货款	16. 流动资金	17. 融资需求	18. 获得融资	19. 融资成本	20. 税收负担	21. 行政收费	22. 劳动力需求	23. 人工成本	24. 固定资产投资计划
1. 总体运行状况	0.235	0.058	0.251	0.079	0.160	0.001	−0.025	−0.023	0.226	0.217	0.223
4. 生产总量	0.245	0.082	0.269	0.142	0.177	−0.001	0.013	−0.006	0.365	0.261	0.313
5. 生产成本	0.170	0.020	0.046	0.109	0.012	−0.053	0.051	0.028	0.158	0.280	0.114
6. 产能过剩	−0.014	−0.027	−0.036	0.003	−0.008	0.036	−0.020	0.027	−0.048	−0.068	0.014
7. 盈利(亏损)变化	0.283	0.099	0.276	0.077	0.213	−0.008	−0.019	−0.006	0.305	0.211	0.289
8. 新签销售合同	0.260	0.054	0.281	0.109	0.206	0.014	0.018	−0.001	0.339	0.205	0.314
9. 实际产品销售	0.233	0.070	0.222	0.114	0.185	0.021	0.032	0.006	0.299	0.197	0.263
10. 产品销售价格	0.138	0.084	0.245	0.102	0.173	0.039	0.073	0.071	0.196	0.148	0.188
11. 营销费用	0.221	0.003	0.067	0.215	0.092	−0.079	0.055	0.093	0.253	0.347	0.215
12. 产成品库存	0.118	0.169	0.142	0.028	0.140	0.096	0.114	0.105	0.177	0.065	0.088
13. 主要原材料及能源购进价格	−0.045	0.122	0.053	−0.063	0.062	0.154	−0.033	0.016	−0.084	−0.190	−0.057
14. 主要原材料及能源供应	1.000	0.038	0.207	0.082	0.092	−0.030	−0.022	−0.058	0.173	0.301	0.166
15. 应收货款	0.038	1.000	0.199	−0.042	0.150	0.129	0.052	0.100	0.039	−0.037	0.096
16. 流动资金	0.207	0.199	1.000	−0.118	0.374	0.157	−0.071	0.038	0.169	0.096	0.210
17. 融资需求	0.082	−0.042	−0.118	1.000	−0.047	−0.125	0.162	0.073	0.124	0.191	0.139
18. 获得融资	0.092	0.150	0.374	−0.047	1.000	0.175	0.042	0.087	0.166	0.008	0.165
19. 融资成本	−0.030	0.129	0.157	−0.125	0.175	1.000	0.156	0.118	0.037	−0.111	0.065
20. 税收负担	−0.022	0.052	−0.071	0.162	0.042	0.156	1.000	0.400	0.027	0.059	0.042
21. 行政收费	−0.058	0.100	0.038	0.073	0.087	0.118	0.400	1.000	0.133	0.038	0.124
22. 劳动力需求	0.173	0.039	0.169	0.124	0.166	0.037	0.027	0.133	1.000	0.362	0.366
23. 人工成本	0.301	−0.037	0.096	0.191	0.008	−0.111	0.059	0.038	0.362	1.000	0.241
24. 固定资产投资计划	0.166	0.096	0.210	0.139	0.165	0.065	0.042	0.124	0.366	0.241	1.000
25. 新产品开发	0.178	0.150	0.207	0.163	0.184	0.063	0.073	0.080	0.282	0.256	0.423
26. 企业综合生产经营状况	0.303	0.080	0.363	0.133	0.290	0.036	0.002	0.031	0.342	0.273	0.318

附录3 江苏省中小企业生态环境维度指标

经营状况维度			企业发展维度			产品供给维度			资源需求维度		
1	常州市	6.899	1	苏州市	6.597	1	苏州市	7.018	1	常州市	5.924
2	无锡市	6.706	2	无锡市	5.811	2	无锡市	6.207	2	连云港市	5.673
3	泰州市	6.526	3	连云港市	5.520	3	扬州市	6.189	3	南通市	5.612
4	南通市	6.308	4	常州市	5.457	4	常州市	5.700	4	泰州市	5.570
5	扬州市	6.109	5	淮安市	5.342	5	泰州市	5.618	5	南京市	5.517
6	苏州市	6.101	6	扬州市	5.064	6	徐州市	5.550	6	苏州市	5.346
7	连云港市	6.079	7	南京市	4.615	7	连云港市	5.358	7	无锡市	5.199
8	淮安市	5.963	8	南通市	4.412	8	淮安市	5.293	8	盐城市	5.076
9	镇江市	5.914	9	泰州市	4.406	9	南京市	5.269	9	淮安市	4.986
10	徐州市	5.776	10	盐城市	3.324	10	南通市	5.195	10	镇江市	4.957
11	南京市	5.368	11	镇江市	3.149	11	镇江市	4.496	11	徐州市	4.815
12	盐城市	2.720	12	徐州市	3.021	12	宿迁市	3.088	12	宿迁市	4.774
13	宿迁市	2.205	13	宿迁市	2.661	13	盐城市	2.500	13	扬州市	4.237
运营资金维度			**企业融资维度**			**政策支持维度**			**企业负担维度**		
1	苏州市	7.143	1	苏州市	7.546	1	宿迁市	6.685	1	盐城市	7.184
2	无锡市	5.765	2	南京市	6.785	2	连云港市	6.299	2	镇江市	6.859
3	常州市	5.552	3	无锡市	6.608	3	泰州市	5.977	3	扬州市	6.128
4	南京市	4.851	4	常州市	5.315	4	常州市	5.683	4	宿迁市	5.622
5	连云港市	4.406	5	泰州市	5.229	5	南通市	5.652	5	南通市	4.835
6	泰州市	4.198	6	连云港市	4.917	6	淮安市	5.382	6	泰州市	4.734
7	镇江市	4.024	7	南通市	4.771	7	苏州市	5.175	7	南京市	4.017
8	南通市	3.927	8	镇江市	4.364	8	盐城市	4.791	8	常州市	4.009
9	宿迁市	3.832	9	宿迁市	3.500	9	镇江市	4.693	9	淮安市	3.740
10	淮安市	3.532	10	扬州市	3.362	10	南京市	3.911	10	无锡市	3.645
11	扬州市	3.033	11	淮安市	3.309	11	扬州市	3.373	11	苏州市	3.589
12	徐州市	1.296	12	徐州市	3.032	12	无锡市	3.227	12	连云港市	3.012
13	盐城市	1.197	13	盐城市	2.973	13	徐州市	2.844	13	徐州市	2.754

附录 4 《中小企业划型标准规定》

关于印发中小企业划型标准规定的通知

工信部联企业〔2011〕300 号

各省、自治区、直辖市人民政府,国务院各部委、各直属机构及有关单位:

为贯彻落实《中华人民共和国中小企业促进法》和《国务院关于进一步促进中小企业发展的若干意见》(国发〔2009〕36 号),工业和信息化部、国家统计局、发展改革委、财政部研究制定了《中小企业划型标准规定》。经国务院同意,现印发给你们,请遵照执行。

工业和信息化部　国家统计局

国家发展和改革委员会　财政部

2011 年 6 月 18 日

中小企业划型标准规定

一、根据《中华人民共和国中小企业促进法》和《国务院关于进一步促进中小企业发展的若干意见》(国发〔2009〕36 号),制定本规定。

二、中小企业划分为中型、小型、微型三种类型,具体标准根据企业从业人员、营业收入、资产总额等指标,结合行业特点制定。

三、本规定适用的行业包括:农、林、牧、渔业,工业(包括采矿业,制造业,电力、热力、燃气及水生产和供应业),建筑业,批发业,零售业,交通运输业(不含铁路运输业),仓储业,邮政业,住宿业,餐饮业,信息传输业(包括电信、互联网和相关服务),软件和信息技术服务业,房地产开发经营,物业管理,租赁和商务服务业,其他未列明行业(包括科学研究和技术服务业,水利、环境和公共设施管理业,居民服务、修理和其他服务业,社会工作,文化、体育和娱乐业等)。

四、各行业划型标准为:

(一)农、林、牧、渔业。营业收入 20 000 万元以下的为中小微型企业。其中,营业收入 500 万元及以上的为中型企业,营业收入 50 万元及以上的为小型企业,营业收入 50 万元以下的为微型企业。

(二)工业。从业人员 1 000 人以下或营业收入 40 000 万元以下的为中小微型企业。其中,从业人员 300 人及以上,且营业收入 2 000 万元及以上的为中型企业;从业人员 20 人及以上,且营业收入 300 万元及以上的为小型企业;从业人员 20 人以下或营业收入 300 万元以下的为微型企业。

（三）建筑业。营业收入 80 000 万元以下或资产总额 80 000 万元以下的为中小微型企业。其中，营业收入 6 000 万元及以上，且资产总额 5 000 万元及以上的为中型企业；营业收入 300 万元及以上，且资产总额 300 万元及以上的为小型企业；营业收入 300 万元以下或资产总额 300 万元以下的为微型企业。

（四）批发业。从业人员 200 人以下或营业收入 40 000 万元以下的为中小微型企业。其中，从业人员 20 人及以上，且营业收入 5 000 万元及以上的为中型企业；从业人员 5 人及以上，且营业收入 1 000 万元及以上的为小型企业；从业人员 5 人以下或营业收入 1 000 万元以下的为微型企业。

（五）零售业。从业人员 300 人以下或营业收入 20 000 万元以下的为中小微型企业。其中，从业人员 50 人及以上，且营业收入 500 万元及以上的为中型企业；从业人员 10 人及以上，且营业收入 100 万元及以上的为小型企业；从业人员 10 人以下或营业收入 100 万元以下的为微型企业。

（六）交通运输业。从业人员 1 000 人以下或营业收入 30 000 万元以下的为中小微型企业。其中，从业人员 300 人及以上，且营业收入 3 000 万元及以上的为中型企业；从业人员 20 人及以上，且营业收入 200 万元及以上的为小型企业；从业人员 20 人以下或营业收入 200 万元以下的为微型企业。

（七）仓储业。从业人员 200 人以下或营业收入 30 000 万元以下的为中小微型企业。其中，从业人员 100 人及以上，且营业收入 1 000 万元及以上的为中型企业；从业人员 20 人及以上，且营业收入 100 万元及以上的为小型企业；从业人员 20 人以下或营业收入 100 万元以下的为微型企业。

（八）邮政业。从业人员 1 000 人以下或营业收入 30 000 万元以下的为中小微型企业。其中，从业人员 300 人及以上，且营业收入 2 000 万元及以上的为中型企业；从业人员 20 人及以上，且营业收入 100 万元及以上的为小型企业；从业人员 20 人以下或营业收入 100 万元以下的为微型企业。

（九）住宿业。从业人员 300 人以下或营业收入 10 000 万元以下的为中小微型企业。其中，从业人员 100 人及以上，且营业收入 2 000 万元及以上的为中型企业；从业人员 10 人及以上，且营业收入 100 万元及以上的为小型企业；从业人员 10 人以下或营业收入 100 万元以下的为微型企业。

（十）餐饮业。从业人员 300 人以下或营业收入 10 000 万元以下的为中小微型企业。其中，从业人员 100 人及以上，且营业收入 2 000 万元及以上的为中型企业；从业人员 10 人及以上，且营业收入 100 万元及以上的为小型企业；从业人员 10 人以下或营业收入 100 万元以下的为微型企业。

（十一）信息传输业。从业人员 2 000 人以下或营业收入 100 000 万元以下的为中小微型企业。其中，从业人员 100 人及以上，且营业收入 1 000 万元及以上的为中型企业；从业人员 10 人及以上，且营业收入 100 万元及以上的为小型企业；从业人员 10 人以下或营业收入 100 万元以下的为微型企业。

（十二）软件和信息技术服务业。从业人员 300 人以下或营业收入 10 000 万元以下的为中小微型企业。其中，从业人员 100 人及以上，且营业收入 1 000 万元及以上的为中型企业;从业人员 10 人及以上,且营业收入 50 万元及以上的为小型企业;从业人员 10 人以下或营业收入 50 万元以下的为微型企业。

(十三)房地产开发经营。营业收入 200 000 万元以下或资产总额 10 000 万元以下的为中小微型企业。其中,营业收入 1 000 万元及以上,且资产总额 5 000 万元及以上的为中型企业;营业收入 100 万元及以上,且资产总额 2 000 万元及以上的为小型企业;营业收入 100 万元以下或资产总额 2 000 万元以下的为微型企业。

(十四)物业管理。从业人员 1 000 人以下或营业收入 5 000 万元以下的为中小微型企业。其中,从业人员 300 人及以上,且营业收入 1 000 万元及以上的为中型企业;从业人员 100 人及以上,且营业收入 500 万元及以上的为小型企业;从业人员 100 人以下或营业收入 500 万元以下的为微型企业。

(十五)租赁和商务服务业。从业人员 300 人以下或资产总额 120 000 万元以下的为中小微型企业。其中,从业人员 100 人及以上,且资产总额 8 000 万元及以上的为中型企业;从业人员 10 人及以上,且资产总额 100 万元及以上的为小型企业;从业人员 10 人以下或资产总额 100 万元以下的为微型企业。

(十六)其他未列明行业。从业人员 300 人以下的为中小微型企业。其中,从业人员 100 人及以上的为中型企业;从业人员 10 人及以上的为小型企业;从业人员 10 人以下的为微型企业。

五、企业类型的划分以统计部门的统计数据为依据。

六、本规定适用于在中华人民共和国境内依法设立的各类所有制和各种组织形式的企业。个体工商户和本规定以外的行业,参照本规定进行划型。

七、本规定的中型企业标准上限即为大型企业标准的下限,国家统计部门据此制定大中小微型企业的统计分类。国务院有关部门据此进行相关数据分析,不得制定与本规定不一致的企业划型标准。

八、本规定由工业和信息化部、国家统计局会同有关部门根据《国民经济行业分类》修订情况和企业发展变化情况适时修订。

九、本规定由工业和信息化部、国家统计局会同有关部门负责解释。

十、本规定自发布之日起执行,原国家经贸委、原国家计委、财政部和国家统计局 2003 年颁布的《中小企业标准暂行规定》同时废止。

附录 5 《统计上大中小微型企业划分办法》

国家统计局关于印发统计上大中小微型企业划分办法的通知
国统字〔2011〕75 号

各省、自治区、直辖市统计局,新疆生产建设兵团统计局,国家统计局各调查总队,国务院有关部门:

为贯彻落实工业和信息化部、国家统计局、国家发展改革委、财政部《关于印发中小企业划型标准规定的通知》(工信部联企业〔2011〕300 号),结合统计工作的实际情况,我们制定了《统计上大中小微型企业划分办法》。现印发给你们,请遵照执行。

国家统计局

2011 年 9 月 2 日

统计上大中小微型企业划分办法

一、根据工业和信息化部、国家统计局、国家发展改革委、财政部《关于印发中小企业划型标准规定的通知》(工信部联企业〔2011〕300 号),结合统计工作的实际情况,特制定本办法。

二、本办法适用对象为在中华人民共和国境内依法设立的各种组织形式的法人企业或单位。个体工商户参照本办法进行划分。

三、本办法适用范围包括:农、林、牧、渔业,采矿业,制造业,电力、热力、燃气及水生产和供应业,建筑业,批发和零售业,交通运输、仓储和邮政业,住宿和餐饮业,信息传输、软件和信息技术服务业,房地产业,租赁和商务服务业,科学研究和技术服务业,水利、环境和公共设施管理业,居民服务、修理和其他服务业,文化、体育和娱乐业等 15 个行业门类以及社会工作行业大类。

四、本办法按照行业门类、大类、中类和组合类别,依据从业人员、营业收入、资产总额等指标或替代指标,将我国的企业划分为大型、中型、小型、微型等四种类型。具体划分标准见附表。

五、企业划分由政府综合统计部门根据统计年报每年确定一次,定报统计原则上不进行调整。

六、本办法自印发之日起执行,国家统计局 2003 年印发的《统计上大中小型企业划分办法(暂行)》(国统字〔2003〕17 号)同时废止。

附表：

统计上大中小微型企业划分标准

行业名称	指标名称	计量单位	大型	中型	小型	微型
农、林、牧、渔业	营业收入(Y)	万元	Y≥20 000	500≤Y<20 000	50≤Y<500	Y<50
工业*	从业人员(X)	人	X≥1 000	300≤X<1 000	20≤X<300	X<20
	营业收入(Y)	万元	Y≥40 000	2 000≤Y<40 000	300≤Y<2 000	Y<300
建筑业	营业收入(Y)	万元	Y≥80 000	6 000≤Y<80 000	300≤Y<6 000	Y<300
	资产总额(Z)	万元	Z≥80 000	5 000≤Z<80 000	300≤Z<5 000	Z<300
批发业	从业人员(X)	人	X≥200	20≤X<200	5≤X<20	X<5
	营业收入(Y)	万元	Y≥40 000	5 000≤Y<40 000	1 000≤Y<5 000	Y<1 000
零售业	从业人员(X)	人	X≥300	50≤X<300	10≤X<50	X<10
	营业收入(Y)	万元	Y≥20 000	500≤Y<20 000	100≤Y<500	Y<100
交通运输业*	从业人员(X)	人	X≥1 000	300≤X<1 000	20≤X<300	X<20
	营业收入(Y)	万元	Y≥30 000	3 000≤Y<30 000	200≤Y<3 000	Y<200
仓储业	从业人员(X)	人	X≥200	100≤X<200	20≤X<100	X<20
	营业收入(Y)	万元	Y≥30 000	1 000≤Y<30 000	100≤Y<1 000	Y<100
邮政业	从业人员(X)	人	X≥1 000	300≤X<1 000	20≤X<300	X<20
	营业收入(Y)	万元	Y≥30 000	2 000≤Y<30 000	100≤Y<2 000	Y<100
住宿业	从业人员(X)	人	X≥300	100≤X<300	10≤X<100	X<10
	营业收入(Y)	万元	Y≥10 000	2 000≤Y<10 000	100≤Y<2 000	Y<100
餐饮业	从业人员(X)	人	X≥300	100≤X<300	10≤X<100	X<10
	营业收入(Y)	万元	Y≥10 000	2 000≤Y<10 000	100≤Y<2 000	Y<100
信息传输业*	从业人员(X)	人	X≥2 000	100≤X<2 000	10≤X<100	X<10
	营业收入(Y)	万元	Y≥100 000	1 000≤Y<100 000	100≤Y<1 000	Y<100
软件和信息技术服务业	从业人员(X)	人	X≥300	100≤X<300	10≤X<100	X<10
	营业收入(Y)	万元	Y≥10 000	1 000≤Y<10 000	50≤Y<1 000	Y<50
房地产开发经营	营业收入(Y)	万元	Y≥200 000	1 000≤Y<200 000	100≤Y<1 000	Y<100
	资产总额(Z)	万元	Z≥10 000	5 000≤Z<10 000	2 000≤Z<5 000	Z<2 000
物业管理	从业人员(X)	人	X≥1 000	300≤X<1 000	100≤X<300	X<100
	营业收入(Y)	万元	Y≥5 000	1 000≤Y<5 000	500≤Y<1 000	Y<500
租赁和商务服务业	从业人员(X)	人	X≥300	100≤X<300	10≤X<100	X<10
	资产总额(Z)	万元	Z≥120 000	8 000≤Z<120 000	100≤Z<8 000	Z<100
其他未列明行业*	从业人员(X)	人	X≥300	100≤X<300	10≤X<100	X<10

说明：

1. 大型、中型和小型企业须同时满足所列指标的下限，否则下划一档；微型企业只需满足所列指标中的一项即可。

　　2. 附表中各行业的范围以《国民经济行业分类》(GB/T4754－2011)为准。带＊的项为行业组合类别,其中,工业包括采矿业,制造业,电力、热力、燃气及水生产和供应业;交通运输业包括道路运输业,水上运输业,航空运输业,管道运输业,装卸搬运和运输代理业,不包括铁路运输业;信息传输业包括电信、广播电视和卫星传输服务,互联网和相关服务;其他未列明行业包括科学研究和技术服务业,水利、环境和公共设施管理业,居民服务、修理和其他服务业,社会工作,文化、体育和娱乐业,以及房地产中介服务,其他房地产业等,不包括自有房地产经营活动。

　　3. 企业划分指标以现行统计制度为准。① 从业人员,是指期末从业人员数,没有期末从业人员数的,采用全年平均人员数代替。② 营业收入,工业、建筑业、限额以上批发和零售业、限额以上住宿和餐饮业以及其他设置主营业务收入指标的行业,采用主营业务收入;限额以下批发与零售业企业采用商品销售额代替;限额以下住宿与餐饮业企业采用营业额代替;农、林、牧、渔业企业采用营业总收入代替;其他未设置主营业务收入的行业,采用营业收入指标。③ 资产总额,采用资产总计代替。

附录6 国务院关于进一步促进中小企业发展的若干意见

国发〔2009〕36号

各省、自治区、直辖市人民政府,国务院各部委、各直属机构:

中小企业是我国国民经济和社会发展的重要力量,促进中小企业发展,是保持国民经济平稳较快发展的重要基础,是关系民生和社会稳定的重大战略任务。受国际金融危机冲击,去年下半年以来,我国中小企业生产经营困难。中央及时出台相关政策措施,加大财税、信贷等扶持力度,改善中小企业经营环境,中小企业生产经营出现了积极变化,但发展形势依然严峻。主要表现在:融资难、担保难问题依然突出,部分扶持政策尚未落实到位,企业负担重,市场需求不足,产能过剩,经济效益大幅下降,亏损加大等。必须采取更加积极有效的政策措施,帮助中小企业克服困难,转变发展方式,实现又好又快发展。现就进一步促进中小企业发展提出以下意见:

一、进一步营造有利于中小企业发展的良好环境

(一)完善中小企业政策法律体系

落实扶持中小企业发展的政策措施,清理不利于中小企业发展的法律法规和规章制度。深化垄断行业改革,扩大市场准入范围,降低准入门槛,进一步营造公开、公平的市场环境。加快制定融资性担保管理办法,修订《贷款通则》,修订中小企业划型标准,明确对小型企业的扶持政策。

(二)完善政府采购支持中小企业的有关制度

制定政府采购扶持中小企业发展的具体办法,提高采购中小企业货物、工程和服务的比例。进一步提高政府采购信息发布透明度,完善政府公共服务外包制度,为中小企业创造更多的参与机会。

(三)加强对中小企业的权益保护

组织开展对中小企业相关法律和政策特别是金融、财税政策贯彻落实情况的监督检查,发挥新闻舆论和社会监督的作用,加强政策效果评价。坚持依法行政,保护中小企业及其职工的合法权益。

(四)构建和谐劳动关系

采取切实有效措施,加大对劳动密集型中小企业的支持,鼓励中小企业不裁员、少裁员,稳定和增加就业岗位。对中小企业吸纳困难人员就业、签订劳动合同并缴纳社会保险费的,在相应期限内给予基本养老保险补贴、基本医疗保险补贴、失业保险补贴。对受金融危机影响较大的困难中小企业,将阶段性缓缴社会保险费或降低费率政策执行期延长至2010年底,并按规定给予一定期限的社会保险补贴或岗位补贴、在岗培训补贴等。中小企业可与职工就工资、工时、劳动定额进行协商,符合条件的,可向当地人力资源社会保障部门申请实行综合计算工时和不定时工作制。

二、切实缓解中小企业融资困难

（五）全面落实支持小企业发展的金融政策

完善小企业信贷考核体系，提高小企业贷款呆账核销效率，建立完善信贷人员尽职免责机制。鼓励建立小企业贷款风险补偿基金，对金融机构发放小企业贷款按增量给予适度补助，对小企业不良贷款损失给予适度风险补偿。

（六）加强和改善对中小企业的金融服务

国有商业银行和股份制银行都要建立小企业金融服务专营机构，完善中小企业授信业务制度，逐步提高中小企业中长期贷款的规模和比重。提高贷款审批效率，创新金融产品和服务方式。完善财产抵押制度和贷款抵押物认定办法，采取动产、应收账款、仓单、股权和知识产权质押等方式，缓解中小企业贷款抵质押不足的矛盾。对商业银行开展中小企业信贷业务实行差异化的监管政策。建立和完善中小企业金融服务体系。加快研究鼓励民间资本参与发起设立村镇银行、贷款公司等股份制金融机构的办法；积极支持民间资本以投资入股的方式，参与农村信用社改制为农村商业（合作）银行、城市信用社改制为城市商业银行以及城市商业银行的增资扩股。支持、规范发展小额贷款公司，鼓励有条件的小额贷款公司转为村镇银行。

（七）进一步拓宽中小企业融资渠道

加快创业板市场建设，完善中小企业上市育成机制，扩大中小企业上市规模，增加直接融资。完善创业投资和融资租赁政策，大力发展创业投资和融资租赁企业。鼓励有关部门和地方政府设立创业投资引导基金，引导社会资金设立主要支持中小企业的创业投资企业，积极发展股权投资基金。发挥融资租赁、典当、信托等融资方式在中小企业融资中的作用。稳步扩大中小企业集合债券和短期融资券的发行规模，积极培育和规范发展产权交易市场，为中小企业产权和股权交易提供服务。

（八）完善中小企业信用担保体系

设立包括中央、地方财政出资和企业联合组建的多层次中小企业融资担保基金和担保机构。各级财政要加大支持力度，综合运用资本注入、风险补偿和奖励补助等多种方式，提高担保机构对中小企业的融资担保能力。落实好对符合条件的中小企业信用担保机构免征营业税、准备金提取和代偿损失税前扣除的政策。国土资源、住房城乡建设、金融、工商等部门要为中小企业和担保机构开展抵押物和出质的登记、确权、转让等提供优质服务。加强对融资性担保机构的监管，引导其规范发展。鼓励保险机构积极开发为中小企业服务的保险产品。

（九）发挥信用信息服务在中小企业融资中的作用

推进中小企业信用制度建设，建立和完善中小企业信用信息征集机制和评价体系，提高中小企业的融资信用等级。完善个人和企业征信系统，为中小企业融资提供方便快速的查询服务。构建守信受益、失信惩戒的信用约束机制，增强中小企业信用意识。

三、加大对中小企业的财税扶持力度

（十）加大财政资金支持力度

逐步扩大中央财政预算扶持中小企业发展的专项资金规模，重点支持中小企业技术创新、结构调整、节能减排、开拓市场、扩大就业,以及改善对中小企业的公共服务。加快设立国家中小企业发展基金,发挥财政资金的引导作用,带动社会资金支持中小企业发展。地方财政也要加大对中小企业的支持力度。

(十一)落实和完善税收优惠政策

国家运用税收政策促进中小企业发展,具体政策由财政部、税务总局会同有关部门研究制定。为有效应对国际金融危机,扶持中小企业发展,自2010年1月1日至2010年12月31日,对年应纳税所得额低于3万元(含3万元)的小型微利企业,其所得减按50%计入应纳税所得额,按20%的税率缴纳企业所得税。中小企业投资国家鼓励类项目,除《国内投资项目不予免税的进口商品目录》所列商品外,所需的进口自用设备以及按照合同随设备进口的技术及配套件、备件,免征进口关税。中小企业缴纳城镇土地使用税确有困难的,可按有关规定向省级财税部门或省级人民政府提出减免税申请。中小企业因有特殊困难不能按期纳税的,可依法申请在三个月内延期缴纳。

(十二)进一步减轻中小企业社会负担

凡未按规定权限和程序批准的行政事业性收费项目和政府性基金项目,均一律取消。全面清理整顿涉及中小企业的收费,重点是行政许可和强制准入的中介服务收费、具有垄断性的经营服务收费,能免则免,能减则减,能缓则缓。严格执行收费项目公示制度,公开前置性审批项目、程序和收费标准,严禁地方和部门越权设立行政事业性收费项目,不得擅自将行政事业性收费转为经营服务性收费。进一步规范执收行为,全面实行中小企业缴费登记卡制度,设立各级政府中小企业负担举报电话。健全各级政府中小企业负担监督制度,严肃查处乱收费、乱罚款及各种摊派行为。任何部门和单位不得通过强制中小企业购买产品、接受指定服务等手段牟利。严格执行税收征收管理法律法规,不得违规向中小企业提前征税或者摊派税款。

四、加快中小企业技术进步和结构调整

(十三)支持中小企业提高技术创新能力和产品质量

支持中小企业加大研发投入,开发先进适用的技术、工艺和设备,研制适销对路的新产品,提高产品质量。加强产学研联合和资源整合,加强知识产权保护,重点在轻工、纺织、电子等行业推进品牌建设,引导和支持中小企业创建自主品牌。支持中华老字号等传统优势中小企业申请商标注册,保护商标专用权,鼓励挖掘、保护、改造民间特色传统工艺,提升特色产业。

(十四)支持中小企业加快技术改造

按照重点产业调整和振兴规划要求,支持中小企业采用新技术、新工艺、新设备、新材料进行技术改造。中央预算内技术改造专项投资中,要安排中小企业技术改造资金,地方政府也要安排中小企业技术改造专项资金。中小企业的固定资产由于技术进步原因需加速折旧的,可按规定缩短折旧年限或者采取加速折旧的方法。

(十五)推进中小企业节能减排和清洁生产

促进重点节能减排技术和高效节能环保产品、设备在中小企业的推广应用。按照发展循环经济的要求,鼓励中小企业间资源循环利用。鼓励专业服务机构为中小企业提供合同能源管理、节能设备租赁等服务。充分发挥市场机制作用,综合运用金融、环保、土

地、产业政策等手段,依法淘汰中小企业中的落后技术、工艺、设备和产品,防止落后产能异地转移。严格控制过剩产能和"两高一资"行业盲目发展。对纳入环境保护、节能节水企业所得税优惠目录的投资项目,按规定给予企业所得税优惠。

(十六)提高企业协作配套水平

鼓励中小企业与大型企业开展多种形式的经济技术合作,建立稳定的供应、生产、销售等协作关系。鼓励大型企业通过专业分工、服务外包、订单生产等方式,加强与中小企业的协作配套,积极向中小企业提供技术、人才、设备、资金支持,及时支付货款和服务费用。

(十七)引导中小企业集聚发展

按照布局合理、特色鲜明、用地集约、生态环保的原则,支持培育一批重点示范产业集群。加强产业集群环境建设,改善产业集聚条件,完善服务功能,壮大龙头骨干企业,延长产业链,提高专业化协作水平。鼓励东部地区先进的中小企业通过收购、兼并、重组、联营等多种形式,加强与中西部地区中小企业的合作,实现产业有序转移。

(十八)加快发展生产性服务业。鼓励支持中小企业在科技研发、工业设计、技术咨询、信息服务、现代物流等生产性服务业领域发展。积极促进中小企业在软件开发、服务外包、网络动漫、广告创意、电子商务等新兴领域拓展,扩大就业渠道,培育新的经济增长点。

五、支持中小企业开拓市场

(十九)支持引导中小企业积极开拓国内市场

支持符合条件的中小企业参与家电、农机、汽车摩托车下乡和家电、汽车"以旧换新"等业务。中小企业专项资金、技术改造资金等要重点支持销售渠道稳定、市场占有率高的中小企业。采取财政补助、降低展费标准等方式,支持中小企业参加各类展览展销活动。支持建立各类中小企业产品技术展示中心,办好中国国际中小企业博览会等展览展销活动。鼓励电信、网络运营企业以及新闻媒体积极发布市场信息,帮助中小企业宣传产品,开拓市场。

(二十)支持中小企业开拓国际市场

进一步落实出口退税等支持政策,研究完善稳定外需、促进外贸发展的相关政策措施,稳定和开拓国际市场。充分发挥中小企业国际市场开拓资金和出口信用保险的作用,加大优惠出口信贷对中小企业的支持力度。鼓励支持有条件的中小企业到境外开展并购等投资业务,收购技术和品牌,带动产品和服务出口。

(二十一)支持中小企业提高自身市场开拓能力

引导中小企业加强市场分析预测,把握市场机遇,增强质量、品牌和营销意识,改善售后服务,提高市场竞争力。提升和改造商贸流通业,推广连锁经营、特许经营等现代经营方式和新型业态,帮助和鼓励中小企业采用电子商务,降低市场开拓成本。支持餐饮、旅游、休闲、家政、物业、社区服务等行业拓展服务领域,创新服务方式,促进扩大消费。

六、努力改进对中小企业的服务

(二十二)加快推进中小企业服务体系建设

加强统筹规划,完善服务网络和服务设施,积极培育各级中小企业综合服务机构。通过资格认定、业务委托、奖励等方式,发挥工商联以及行业协会(商会)和综合服务机构的作用,引导和带动专业服务机构的发展。建立和完善财政补助机制,支持服务机构开展信息、培训、技术、创业、质量检验、企业管理等服务。

(二十三)加快中小企业公共服务基础设施建设

通过引导社会投资、财政资金支持等多种方式,重点支持在轻工、纺织、电子信息等领域建设一批产品研发、检验检测、技术推广等公共服务平台。支持小企业创业基地建设,改善创业和发展环境。鼓励高等院校、科研院所、企业技术中心开放科技资源,开展共性关键技术研究,提高服务中小企业的水平。完善中小企业信息服务网络,加快发展政策解读、技术推广、人才交流、业务培训和市场营销等重点信息服务。

(二十四)完善政府对中小企业的服务

深化行政审批制度改革,全面清理并进一步减少、合并行政审批事项,实现审批内容、标准和程序的公开化、规范化。投资、工商、税务、质检、环保等部门要简化程序、缩短时限、提高效率,为中小企业设立、生产经营等提供便捷服务。地方各级政府在制定和实施土地利用总体规划和年度计划时,要统筹考虑中小企业投资项目用地需求,合理安排用地指标。

七、提高中小企业经营管理水平

(二十五)引导和支持中小企业加强管理

支持培育中小企业管理咨询机构,开展管理咨询活动。引导中小企业加强基础管理,强化营销和风险管理,完善治理结构,推进管理创新,提高经营管理水平。督促中小企业苦练内功、降本增效,严格遵守安全、环保、质量、卫生、劳动保障等法律法规,诚实守信经营,履行社会责任。

(二十六)大力开展对中小企业各类人员的培训

实施中小企业银河培训工程,加大财政支持力度,充分发挥行业协会(商会)、中小企业培训机构的作用,广泛采用网络技术等手段,开展政策法规、企业管理、市场营销、专业技能、客户服务等各类培训。高度重视对企业经营管理者的培训,在3年内选择100万家成长型中小企业,对其经营管理者实施全面培训。

(二十七)加快推进中小企业信息化

继续实施中小企业信息化推进工程,加快推进重点区域中小企业信息化试点,引导中小企业利用信息技术提高研发、管理、制造和服务水平,提高市场营销和售后服务能力。鼓励信息技术企业开发和搭建行业应用平台,为中小企业信息化提供软硬件工具、项目外包、工业设计等社会化服务。

八、加强对中小企业工作的领导

(二十八)加强指导协调

成立国务院促进中小企业发展工作领导小组,加强对中小企业工作的统筹规划、组织领导和政策协调,领导小组办公室设在工业和信息化部。各地可根据工作需要,建立相应的组织机构和工作机制。

(二十九)建立中小企业统计监测制度

统计部门要建立和完善对中小企业的分类统计、监测、分析和发布制度,加强对规模以下企业的统计分析工作。有关部门要及时向社会公开发布发展规划、产业政策、行业动态等信息,逐步建立中小企业市场监测、风险防范和预警机制。

　　促进中小企业健康发展既是一项长期战略任务,也是当前保增长、扩内需、调结构、促发展、惠民生的紧迫任务。各地区、各有关部门要进一步提高认识,统一思想,结合实际,尽快制定贯彻本意见的具体办法,并切实抓好落实。

国务院

2009 年 9 月 19 日

附录7　国务院关于进一步支持小型微型企业健康发展的意见

国发〔2012〕14 号

各省、自治区、直辖市人民政府,国务院各部委、各直属机构:

小型微型企业在增加就业、促进经济增长、科技创新与社会和谐稳定等方面具有不可替代的作用,对国民经济和社会发展具有重要的战略意义。党中央、国务院高度重视小型微型企业的发展,出台了一系列财税金融扶持政策,取得了积极成效。但受国内外复杂多变的经济形势影响,当前,小型微型企业经营压力大、成本上升、融资困难和税费偏重等问题仍很突出,必须引起高度重视。为进一步支持小型微型企业健康发展,现提出以下意见。

一、充分认识进一步支持小型微型企业健康发展的重要意义

（一）增强做好小型微型企业工作的信心

各级政府和有关部门对当前小型微型企业发展面临的新情况、新问题要高度重视,增强信心,加大支持力度,把支持小型微型企业健康发展作为巩固和扩大应对国际金融危机冲击成果、保持经济平稳较快发展的重要举措,放在更加重要的位置上。要科学分析,正确把握,积极研究采取更有针对性的政策措施,帮助小型微型企业提振信心,稳健经营,提高盈利水平和发展后劲,增强企业的可持续发展能力。

二、进一步加大对小型微型企业的财税支持力度

（二）落实支持小型微型企业发展的各项税收优惠政策

提高增值税和营业税起征点;将小型微利企业减半征收企业所得税政策,延长到2015 年底并扩大范围;将符合条件的国家中小企业公共服务示范平台中的技术类服务平台纳入现行科技开发用品进口税收优惠政策范围;自 2011 年 11 月 1 日至 2014 年 10 月 31 日,对金融机构与小型微型企业签订的借款合同免征印花税,将金融企业涉农贷款和中小企业贷款损失准备金税前扣除政策延长至 2013 年底,将符合条件的农村金融机构金融保险收入减按 3% 的税率征收营业税的政策延长至 2015 年底。加快推进营业税改征增值税试点,逐步解决服务业营业税重复征税问题。结合深化税收体制改革,完善结构性减税政策,研究进一步支持小型微型企业发展的税收制度。

（三）完善财政资金支持政策

充分发挥现有中小企业专项资金的支持引导作用,2012 年将资金总规模由 128.7 亿元扩大至 141.7 亿元,以后逐年增加。专项资金要体现政策导向,增强针对性、连续性和可操作性,突出资金使用重点,向小型微型企业和中西部地区倾斜。

（四）依法设立国家中小企业发展基金

基金的资金来源包括中央财政预算安排、基金收益、捐赠等。中央财政安排资金 150 亿元,分 5 年到位,2012 年安排 30 亿元。基金主要用于引导地方、创业投资机构及其他社会资金支持处于初创期的小型微型企业等。鼓励向基金捐赠资金。对企事业单位、社会团体和个人等向基金捐赠资金的,企业在年度利润总额12%以内的部分,个人在申报个人所得税应纳税所得额30%以内的部分,准予在计算缴纳所得税税前扣除。

(五)政府采购支持小型微型企业发展

负有编制部门预算职责的各部门,应当安排不低于年度政府采购项目预算总额18%的份额专门面向小型微型企业采购。在政府采购评审中,对小型微型企业产品可视不同行业情况给予6%—10%的价格扣除。鼓励大中型企业与小型微型企业组成联合体共同参加政府采购,小型微型企业占联合体份额达到30%以上的,可给予联合体2%—3%的价格扣除。推进政府采购信用担保试点,鼓励为小型微型企业参与政府采购提供投标担保、履约担保和融资担保等服务。

(六)继续减免部分涉企收费并清理取消各种不合规收费

落实中央和省级财政、价格主管部门已公布取消的行政事业性收费。自2012年1月1日至2014年12月31日三年内对小型微型企业免征部分管理类、登记类和证照类行政事业性收费。清理取消一批各省(区、市)设立的涉企行政事业性收费。规范涉及行政许可和强制准入的经营服务性收费。继续做好收费公路专项清理工作,降低企业物流成本。加大对向企业乱收费、乱罚款和各种摊派行为监督检查的力度,严格执行收费公示制度,加强社会和舆论监督。完善涉企收费维权机制。

三、努力缓解小型微型企业融资困难

(七)落实支持小型微型企业发展的各项金融政策

银行业金融机构对小型微型企业贷款的增速不低于全部贷款平均增速,增量高于上年同期水平,对达到要求的小金融机构继续执行较低存款准备金率。商业银行应对符合国家产业政策和信贷政策的小型微型企业给予信贷支持。鼓励金融机构建立科学合理的小型微型企业贷款定价机制,在合法、合规和风险可控前提下,由商业银行自主确定贷款利率,对创新型和创业型小型微型企业可优先予以支持。建立小企业信贷奖励考核制度,落实已出台的小型微型企业金融服务的差异化监管政策,适当提高对小型微型企业贷款不良率的容忍度。进一步研究完善小企业贷款呆账核销有关规定,简化呆账核销程序,提高小型微型企业贷款呆账核销效率。优先支持符合条件的商业银行发行专项用于小型微型企业贷款的金融债。支持商业银行开发适合小型微型企业特点的各类金融产品和服务,积极发展商圈融资、供应链融资等融资方式。加强对小型微型企业贷款的统计监测。

(八)加快发展小金融机构

在加强监管和防范风险的前提下,适当放宽民间资本、外资、国际组织资金参股设立小金融机构的条件。适当放宽小额贷款公司单一投资者持股比例限制。支持和鼓励符合条件的银行业金融机构重点到中西部设立村镇银行。强化小金融机构主要为小型微型企业服务的市场定位,创新金融产品和服务方式,优化业务流程,提高服务效率。引导小金融机构增加服务网点,向县域和乡镇延伸。符合条件的小额贷款公司可根据有关规定改制为村镇银行。

(九)拓宽融资渠道

搭建方便快捷的融资平台,支持符合条件的小企业上市融资、发行债券。推进多层次债券市场建设,发挥债券市场对微观主体的资金支持作用。加快统一监管的场外交易市场建设步伐,为尚不符合上市条件的小型微型企业提供资本市场配置资源的服务。逐步扩大小型微型企业集合票据、集合债券、集合信托和短期融资券等发行规模。积极稳妥发展私募股权投资和创业投资等融资工具,完善创业投资扶持机制,支持初创型和创新型小型微型企业发展。支持小型微型企业采取知识产权质押、仓单质押、商铺经营权质押、商业信用保险保单质押、商业保理、典当等多种方式融资。鼓励为小型微型企业提供设备融资租赁服务。积极发展小型微型企业贷款保证保险和信用保险。加快小型微型企业融资服务体系建设。深入开展科技和金融结合试点,为创新型小型微型企业创造良好的投融资环境。

（十）加强对小型微型企业的信用担保服务

大力推进中小企业信用担保体系建设,继续执行对符合条件的信用担保机构免征营业税政策,加大中央财政资金的引导支持力度,鼓励担保机构提高小型微型企业担保业务规模,降低对小型微型企业的担保收费。引导外资设立面向小型微型企业的担保机构,加快推进利用外资设立担保公司试点工作。积极发展再担保机构,强化分散风险、增加信用功能。改善信用保险服务,定制符合小型微型企业需求的保险产品,扩大服务覆盖面。推动建立担保机构与银行业金融机构间的风险分担机制。加快推进企业信用体系建设,切实开展企业信用信息征集和信用等级评价工作。

（十一）规范对小型微型企业的融资服务

除银团贷款外,禁止金融机构对小型微型企业贷款收取承诺费、资金管理费。开展商业银行服务收费检查。严格限制金融机构向小型微型企业收取财务顾问费、咨询费等费用,清理纠正金融服务不合理收费。有效遏制民间借贷高利贷化倾向以及大型企业变相转贷现象,依法打击非法集资、金融传销等违法活动。严格禁止金融从业人员参与民间借贷。研究制定防止大企业长期拖欠小型微型企业资金的政策措施。

四、进一步推动小型微型企业创新发展和结构调整

（十二）支持小型微型企业技术改造

中央预算内投资扩大安排用于中小企业技术进步和技术改造资金规模,重点支持小型企业开发和应用新技术、新工艺、新材料、新装备,提高自主创新能力、促进节能减排、提高产品和服务质量、改善安全生产与经营条件等。各地也要加大对小型微型企业技术改造的支持力度。

（十三）提升小型微型企业创新能力

完善企业研究开发费用所得税前加计扣除政策,支持企业技术创新。实施中小企业创新能力建设计划,鼓励有条件的小型微型企业建立研发机构,参与产业共性关键技术研发、国家和地方科技计划项目以及标准制定。鼓励产业技术创新战略联盟向小型微型企业转移扩散技术创新成果。支持在小型微型企业集聚的区域建立健全技术服务平台,集中优势科技资源,为小型微型企业技术创新提供支撑服务。鼓励大专院校、科研机构和大企业向小型微型企业开放研发试验设施。实施中小企业信息化推进工程,重点提高小型微型企业生产制造、运营管理和市场开拓的信息化应用水平,鼓励信息技术企业、通信运营商为小型微型企业提供信息化应用平台。加快新技术和先进适用技术在小型微型企业的推广应用,鼓励各类技术服务机构、技术市场和研究院所为小型微型企业提供优质服务。

(十四)提高小型微型企业知识产权创造、运用、保护和管理水平

中小企业知识产权战略推进工程以培育具有自主知识产权优势小型微型企业为重点,加强宣传和培训,普及知识产权知识,推进重点区域和重点企业试点,开展面向小型微型企业的专利辅导、专利代理、专利预警等服务。加大对侵犯知识产权和制售假冒伪劣产品的打击力度,维护市场秩序,保护创新积极性。

(十五)支持创新型、创业型和劳动密集型的小型微型企业发展

鼓励小型微型企业发展现代服务业、战略性新兴产业、现代农业和文化产业,走"专精特新"和与大企业协作配套发展的道路,加快从要素驱动向创新驱动的转变。充分利用国家科技资源支持小型微型企业技术创新,鼓励科技人员利用科技成果创办小型微型企业,促进科技成果转化。实施创办小企业计划 培育和支持3 000家小企业创业基地,大力开展创业培训和辅导,鼓励创办小企业,努力扩大社会就业。积极发展各类科技孵化器,到2015年,在孵企业规模达到10万家以上。支持劳动密集型企业稳定就业岗位,推动产业升级,加快调整产品结构和服务方式。

(十六)切实拓宽民间投资领域

要尽快出台贯彻落实国家有关鼓励和引导民间投资健康发展政策的实施细则,促进民间投资便利化、规范化,鼓励和引导小型微型企业进入教育、社会福利、科技、文化、旅游、体育、商贸流通等领域。各类政府性资金要对包括民间投资在内的各类投资主体同等对待。

(十七)加快淘汰落后产能

严格控制高污染、高耗能和资源浪费严重的小型微型企业发展,防止落后产能异地转移。严格执行国家有关法律法规,综合运用财税、金融、环保、土地、产业政策等手段,支持小型微型企业加快淘汰落后技术、工艺和装备,通过收购、兼并、重组、联营和产业转移等获得新的发展机会。

五、加大支持小型微型企业开拓市场的力度

(十八)创新营销和商业模式

鼓励小型微型企业运用电子商务、信用销售和信用保险,大力拓展经营领域。研究创新中国国际中小企业博览会办展机制,促进在国际化、市场化、专业化等方面取得突破。支持小型微型企业参加国内外展览展销活动,加强工贸结合、农贸结合和内外贸结合。建设集中采购分销平台,支持小型微型企业通过联合采购、集中配送,降低采购成本。引导小型微型企业采取抱团方式"走出去"。培育商贸企业集聚区,发展专业市场和特色商业街,推广连锁经营、特许经营、物流配送等现代流通方式。加强对小型微型企业出口产品标准的培训。

(十九)改善通关服务

推进分类通关改革,积极研究为符合条件的小型微型企业提供担保验放、集中申报、24小时预约通关和不实行加工贸易保证金台账制度等便利通关措施。扩大"属地申报,口岸验放"通关模式适用范围。扩大进出口企业享受预归类、预审价、原产地预确定等措

施的范围,提高企业通关效率,降低物流通关成本。

(二十)简化加工贸易内销手续

进一步落实好促进小型微型加工贸易企业内销便利化相关措施,允许联网企业"多次内销、一次申报",并可在内销当月内集中办理内销申报手续,缩短企业办理时间。

(二十一)开展集成电路产业链保税监管模式试点

允许符合条件的小型微型集成电路设计企业作为加工贸易经营单位开展加工贸易业务,将集成电路产业链中的设计、芯片制造、封装测试企业等全部纳入保税监管范围。

六、切实帮助小型微型企业提高经营管理水平

(二十二)支持管理创新

实施中小企业管理提升计划,重点帮助和引导小型微型企业加强财务、安全、节能、环保、用工等管理。开展企业管理创新成果推广和标杆示范活动。实施小企业会计准则,开展培训和会计代理服务。建立小型微型企业管理咨询服务制度,支持管理咨询机构和志愿者面向小型微型企业开展管理咨询服务。

(二十三)提高质量管理水平

落实小型微型企业产品质量主体责任,加强质量诚信体系建设,开展质量承诺活动。督促和指导小型微型企业建立健全质量管理体系,严格执行生产许可、经营许可、强制认证等准入管理,不断增强质量安全保障能力。大力推广先进的质量管理理念和方法,严格执行国家标准和进口国标准。加强品牌建设指导,引导小型微型企业创建自主品牌。鼓励制定先进企业联盟标准,带动小型微型企业提升质量保证能力和专业化协作配套水平。充分发挥国家质检机构和重点实验室的辐射支撑作用,加快质量检验检疫公共服务平台建设。

(二十四)加强人力资源开发

加强对小型微型企业劳动用工的指导与服务,拓宽企业用工渠道。实施国家中小企业银河培训工程和企业经营管理人才素质提升工程,以小型微型企业为重点,每年培训50万名经营管理人员和创业者。指导小型微型企业积极参与高技能人才振兴计划,加强技能人才队伍建设工作,国家专业技术人才知识更新工程等重大人才工程要向小型微型企业倾斜。围绕《国家中长期人才发展规划纲要(2010—2020年)》确定的重点领域,开展面向小型微型企业创新型专业技术人才的培训。完善小型微型企业职工社会保障政策。

(二十五)制定和完善鼓励高校毕业生到小型微型企业就业的政策

对小型微型企业新招用高校毕业生并组织开展岗前培训的,按规定给予培训费补贴,并适当提高培训费补贴标准,具体标准由省级财政、人力资源和社会保障部门确定。对小型微型企业新招用毕业年度高校毕业生,签订1年以上劳动合同并按时足额缴纳社会保险费的,给予1年的社会保险补贴,政策执行期限截至2014年底。改善企业人力资源结构,实施大学生创业引领计划,切实落实已出台的鼓励高校毕业生自主创业的税费减免、小额担保贷款等扶持政策,加大公共就业服务力度,提高高校毕业生创办小型微型企业成功率。

七、促进小型微型企业集聚发展

(二十六)统筹安排产业集群发展用地

规划建设小企业创业基地、科技孵化器、商贸企业集聚区等,地方各级政府要优先安排用地计划指标。经济技术开发区、高新技术开发区以及工业园区等各类园区要集中建设标准厂房，积极为小型微型企业提供生产经营场地。对创办三年内租用经营场地和店铺的小型微型企业，符合条件的，给予一定比例的租金补贴。

（二十七）改善小型微型企业集聚发展环境

建立完善产业集聚区技术、电子商务、物流、信息等服务平台。发挥龙头骨干企业的引领和带动作用，推动上下游企业分工协作、品牌建设和专业市场发展，促进产业集群转型升级。以培育农村二、三产业小型微型企业为重点，大力发展县域经济。开展创新型产业集群试点建设工作。支持能源供应、排污综合治理等基础设施建设，加强节能管理和"三废"集中治理。

八、加强对小型微型企业的公共服务

（二十八）大力推进服务体系建设

到 2015 年，支持建立和完善 4 000 个为小型微型企业服务的公共服务平台，重点培育认定 500 个国家中小企业公共服务示范平台，发挥示范带动作用。实施中小企业公共服务平台网络建设工程，支持各省（区、市）统筹建设资源共享、服务协同的公共服务平台网络，建立健全服务规范、服务评价和激励机制，调动和优化配置服务资源，增强政策咨询、创业创新、知识产权、投资融资、管理诊断、检验检测、人才培训、市场开拓、财务指导、信息化服务等各类服务功能，重点为小型微型企业提供质优价惠的服务。充分发挥行业协会（商会）的桥梁纽带作用，提高行业自律和组织水平。

（二十九）加强指导协调和统计监测

充分发挥国务院促进中小企业发展工作领导小组的统筹规划、组织领导和政策协调作用，明确部门分工和责任，加强监督检查和政策评估，将小型微型企业有关工作列入各地区、各有关部门年度考核范围。统计及有关部门要进一步加强对小型微型企业的调查统计工作，尽快建立和完善小型微型企业统计调查、监测分析和定期发布制度。

各地区、各部门要结合实际，研究制定本意见的具体贯彻落实办法，加大对小型微型企业的扶持力度，创造有利于小型微型企业发展的良好环境。

国务院

2012 年 4 月 19 日

附录8　省政府印发关于促进中小企业平稳 健康发展意见的通知

苏政发〔2008〕89号

各市、县人民政府，省各委、办、厅、局，省各直属单位：

现将《关于促进中小企业平稳健康发展的意见》印发给你们，请结合实际，认真贯彻执行。

二〇〇八年九月二十七日

关于促进中小企业平稳健康发展的意见

为进一步加大对中小企业的扶持力度，促进中小企业平稳健康发展，特制定如下意见：

一、推动经济发展方式转变

引导中小企业增强自主创新能力，优化产业结构，提升产业层次，转变发展方式。省有关部门要认真落实国家出台的支持中小企业创新的各项税收优惠政策。省经贸委、中小企业局、科技厅评定的省中小企业技术服务示范平台取得的技术转让、技术开发和与之相关的技术咨询、技术服务等业务收入，免征营业税、城市维护建设税和教育费附加。将省中小企业局、知识产权局联合确定的中小企业专利新产品列入省科技厅、财政厅发布的《江苏省自主创新产品目录》。各级行政机关、事业单位和社团组织用财政性资金进行政府采购时，同等条件下优先购买中小企业专利新产品。省科技成果转化和创新专项资金同等条件下优先支持中小企业项目。鼓励支持中小企业扩大自主知识产权新产品的生产和销售。

二、加快产业集群建设

各地要结合资源、区位优势，因地制宜，合理规划，促进区域产业科学布局，防止结构趋同。促进装备制造业、高新技术产业、现代服务业和特色产业加快发展，形成一批区域特色鲜明、竞争力强的产业集群。支持重点产业集群实施品牌战略、培育优势品牌。依托重点产业集群和各级各类产业园区，延伸和壮大主导产业链，扶持龙头企业加快发展。完善产业集群载体的服务功能，提升产业集群发展水平。

三、大力培育创业载体

以构建创业平台、降低创业成本、完善创业服务、培育创业主体、提高创业成功率为重点，加快中小企业创业基地建设。采取切实有效措施盘活土地存量，通过改造利用闲置场地、厂房建设创业基地。各地对创业基地的多层标准厂房建设要优先供地。今后3年，省政府将安排一定数量的用地指标,对多层标准厂房建设与使用成效显著的地区予以奖励。加强对创业基地建设的扶持,增强其培育、服务中小企业的能力,促进一批中小企业创立和成长。

四、加大资金扶持力度

各市、县(市)人民政府要认真执行《中华人民共和国中小企业促进法》和《江苏省中小企业促进条例》的规定,年内建立扶持中小企业发展专项资金。已经建立的市、县(市)要根据财政收入增长情况增加专项资金规模。省级扶持中小企业发展专项资金的规模要逐年增加。专项资金主要用于支持我省中小企业技术创新、产业集聚、信用担保、创业载体和公共服务平台建设等。

五、完善信用担保体系

按照国家有关文件精神,规范和加快中小企业信用担保机构发展,提高其融资担保和风险防范能力。省经贸委会同有关部门抓紧完善对中小企业信用担保的激励和风险补偿办法,对按低于国家规定标准收取担保费以及按规定提取风险准备金的担保机构给予适当补助,对增加资本金的担保机构给予奖励,鼓励担保机构为更多的中小企业提供融资担保服务。

六、引导金融机构加大对中小企业的信贷投放

进一步建立和完善小企业贷款奖励和风险补偿机制,将年销售收入 3 000 万元以下、在金融机构融资余额 500 万元以下的各种所有制形式的小企业纳入风险补偿范围,省、市、县(市)财政对金融机构小企业贷款年度新增部分,给予一定比例的风险补偿。省级小企业贷款风险补偿资金增至 1 亿元。改进风险补偿资金使用管理办法,安排一定比例的资金奖励金融机构相关人员。鼓励金融机构创新金融产品和服务,积极开展面向中小企业的知识产权权利质押贷款业务。推进中小企业信用制度建设,提高中小企业的信用意识和信用水平,提升企业的融资能力。

七、拓宽中小企业融资渠道

积极稳妥推动民间借贷合法运行和规范发展,各地组建的小额贷款公司应将中小企业纳入服务对象。引导各类创业投资机构加大对中小企业的投资力度。支持中小企业在资本市场上直接融资,加大对企业境内外上市的引导、培育力度,形成一批运作规范、实力雄厚、运行健康的上市企业。择优选择 500 家符合国家产业政策、具有高成长性和上市意愿的中小企业作为培育对象予以重点扶持指导。对新上市的中小企业,各级政府要给予一定奖励;涉及资产所有权和土地使用权过户发生的费用,根据有关规定给予减免。鼓励和帮助中小企业通过发行企业债券、短期融资债券、集合债券、股权融资、项目融资和信托产品等形式直接融资,积极开展中小企业集合债券发行试点工作。

八、切实减轻中小企业负担

在办理各类注册、年检、更换证照等环节简化程序,杜绝不合理收费。不得强制要求中小企业参加各种协会、学会等社团组织,严禁各种形式的摊派。认真贯彻《省政府关于取消和停止征收部分行政事业性收费和政府性基金项目的通知》(苏政发〔2008〕78 号)要求,加快推进行政事业性收费清理工作,对决定取消和停止征收的行政事业性收费和政府性基金,各地和有关部门不得继续征收,公民、法人和其他社会组织有权拒缴。对生产经营困难的中小企业需要缴纳的各种规费,有关部门应在职权范围内酌情减免或予以缓交。

九、推进服务体系建设

建立市、县(市)中小企业服务中心,抓紧培育核心骨干服务机构,动员和整合社会资源,为中小企业发展提供服务,形成功能健全的中小企业社会化服务体系。引导各类中小企业服务机构增强服务意识,拓展服务领域,提升服务能力,提高服务绩效。

十、帮助开拓国内外市场

鼓励中小企业积极利用国际国内两个市场、两种资源加快发展。鼓励企业提高出口商品附加值和科技含量,增强市场竞争能力。扶持高新技术产品和自主品牌产品出口,扶持纺织服装、食品、农产品加工等传统产业产品出口。出台贸易便利化措施,提高通关效率,加快出口退税进度。发挥中小企业驻外代表处的作用,积极为中小企业提供国外市场信息,帮助中小企业参加国际展会和各类合作交流,开展上市融资和对外投资等活动。

附录9 省政府关于进一步促进中小企业发展的实施意见

苏政发〔2010〕90号

各市、县人民政府,省各委、办、厅、局,省各直属单位:

为贯彻落实国务院《关于进一步促进中小企业发展的若干意见》(国发〔2009〕36号)精神,采取更加积极有效的政策措施,现就进一步促进我省中小企业平稳健康发展提出以下实施意见:

一、进一步健全中小企业服务体系

(一)加快推进中小企业服务体系建设

建立健全市、县(市)中小企业服务中心,着力培育骨干服务机构。制订中小企业服务中心星级认定办法,促进中小企业服务中心增强服务意识,拓展服务领域,提升服务能力,提高服务绩效。通过资格认定、业务委托、业绩奖励等方式,引导和带动专业服务机构加快发展。建立和完善财政补助机制,支持服务机构开展信息、培训、技术、创业、质量检验、企业管理等服务。到2012年,全省基本建立以公益性服务机构为主导、商业性服务机构为支撑的省、市、县三级中小企业服务机构体系。支持有条件的县(市)中小企业服务中心建设延伸到乡镇(街道)。

(二)加快中小企业公共服务平台建设

建立和完善省、市、县三级中小企业信息网站,为中小企业搭建政策解读、技术推广、人才交流、业务培训和市场营销等重点信息服务平台。支持各类投资主体面向重点产业集群和优势产业,建设一批产品设计、研发、检验检测、技术推广、信息咨询、人才培训等公共服务平台。

(三)帮助中小企业开拓市场

大力发展行业性电子商务平台,引导和推动中小企业开展电子商务活动。采取财政补助、降低展费标准等方式,支持中小企业参加各类展览展销活动,支持举办一批依托重点产业集群的专业性品牌展会,支持建立各类中小企业产品技术展示中心。出台贸易便利化措施,提高通关效率,加快出口退税进度。发挥各级、各部门驻海外机构的作用,积极提供国外市场信息,为中小企业开展各类国际合作交流活动提供服务和帮助。鼓励支持有条件的中小企业到境外开展并购等投资业务,收购技术和品牌,带动产品和服务出口。

二、多渠道缓解中小企业融资困难

(四)建立和完善中小企业金融服务体系

省内国有商业银行和股份制银行一级分行以及城市商业银行法人机构都要建立小企业金融服务专营机构,并在中小企业发达、金融需求旺盛的地区增设机构网点。鼓励民间资本参与发起设立村镇银行、小额贷款公司;支持民间资本以投资入股的方式,参与农村信用社改制为农村商业(合作)银行,支持、规范发展小额贷款公司,鼓励有条件的小额贷款公司转为村镇银行。

(五)加强和改善对中小企业的金融支持

完善中小企业授信制度,对中小企业金融服务实施差异化监管,逐步提高中小企业中长期贷款的规模和比重。完善信贷人员尽职免责机制,提高贷款审批效率,创新金融产品和服务方式。扩大贷款抵押物范围,积极推广动产、应收账款、仓单、股权、政府采购中标合同和知识产权质押等方式,缓解中小企业贷款抵质押不足的矛盾。要将中小企业贷款执行情况纳入各金融机构执行信贷政策的评估内容,对小企业贷款单独管理、单独考核。各商业银行和小额贷款公司等金融机构对中小企业的贷款余额增长率,应达到各项贷款的平均增长水平。鼓励建立小企业贷款风险补偿基金,对金融机构发放小企业贷款按增量给予适度补助,对小企业不良贷款损失给予适度风险补偿。省级财政对各银行类金融机构年度新增小企业贷款给予 5‰ 的风险补偿。各级财政、税务部门要积极支持银行类金融机构及小额贷款公司,认真执行财政部有关中小企业贷款呆账核销政策规定,对符合呆账核销条件的中小企业贷款及时予以核销。

(六)拓宽中小企业融资渠道

支持中小企业上市融资,全力推动中小企业完成股份制改造并加快上市进程,实现中小企业多渠道成功上市。有条件的市、县(市)对上市成功的中小企业给予一定奖励。涉及资产所有权和土地使用权过户发生的费用,根据有关规定给予减免。大力发展创业投资、股权投资和融资租赁企业。鼓励有条件的地区设立创业投资引导基金或产业发展基金,引导社会资金设立主要支持中小企业的创业投资企业。鼓励和帮助中小企业通过发行企业债券、中期票据、短期融资券、集合债券、股权融资、项目融资及信托产品等形式直接融资,开展中小企业集合债券发行试点工作。培育和规范发展产权交易市场,为中小企业产权、股权交易和创投资金退出提供服务。

(七)完善中小企业信用担保体系

设立政府出资、企业联合组建的多层次中小企业信用担保机构,并逐步扩充资本金。鼓励支持民间资本和境外资本投资设立中小企业信用担保机构。制订并不断完善全省融资性担保机构监督管理办法和中小企业担保机构信用评级办法,促进担保机构规范、有序发展。完善对中小企业信用担保的激励和风险补偿办法,对按低于国家规定标准收取担保费以及按规定提取风险准备金的担保机构给予适当补助,对增加资本金的担保机构给予奖励。以省再担保公司为龙头,建立市、县担保公司共同参与的全省再担保网络体系,加强银保合作,完善再担保机制,逐步扩大中小企业再担保规模。鼓励支持有条件的市、县(市)建立相应资金,为中小企业按时还贷、续贷提供资金支持。落实对符合条件的中小企业信用担保机构免征营业税、准备金提取和代偿损失税前扣除的政策。国土资源、住房城乡建设、金融、工商等部门要为中小企业和担保机构开展抵押物及出质的登记、确权、转让等提供优质服务。

三、促进中小企业自主创新和转型升级

(八)支持中小企业增强自主研发能力和推进高新技术产业化

支持中小企业加大研发投入,开发先进适用的技术、工艺和设备,研制新产品。鼓励中小企业建立和实施标准体系，积极采用国际标准和国外先进标准，提高产品质量。实施中小企业知识产权战略，支持中小企业创立企业品牌，维护商标信誉，通过科技创新与开发形成自主知识产权。对中小企业国内外发明专利申请费，省级专利资助资金按规定予以补助。

（九）支持中小企业加快产业优化升级

扶持中小企业大力发展新能源、新材料、生物技术和新医药、节能环保、软件及服务外包、物联网等六大新兴产业。制订和实施人才引进计划，引导高端技术人才向六大新兴产业集聚。引导支持中小企业运用高新技术和先进适用技术改造提升传统产业。鼓励支持中小企业发展科技研发、工业设计、技术咨询、信息服务、现代物流等生产性服务业。支持中小企业在软件开发、服务外包、网络动漫、广告创意、电子商务等新兴领域拓展业务。充分发挥市场机制作用，综合运用法律、金融、环保、土地、产业政策等手段，依法淘汰中小企业领域的落后技术、工艺、设备和产品，防止落后产能异地转移。

（十）支持中小企业做大做强

在新兴产业、支柱产业和优势传统产业中，培育一批拥有自主知识产权、有一定规模、市场前景好的高成长型中小企业，集中财政、金融、科技、土地等资源，支持其做大做强。市、县（市）要根据区域产业特色，对"专精特新"中小企业和行业骨干中小企业予以重点扶持。

（十一）支持中小企业加快技术改造

按照省重点产业调整和振兴规划要求，支持中小企业采用新技术、新工艺、新设备、新材料进行技术改造，支持重点节能减排技术和高效节能环保产品、设备在中小企业推广应用。

（十二）构建中小企业技术创新支撑体系

加快培育中小企业公共技术服务示范平台、中小企业技术创新中心、中小企业技术创新基地，引导和服务中小企业技术创新。加强产学研联合，支持建设省中小企业国内技术转移平台、国际技术转移平台和科技成果对接平台，促进科技成果向中小企业转化。支持设立中小企业海外技术合作中心，帮助中小企业跨国配置科技资源。省级中小企业技术创新中心享受省级企业技术中心的优惠政策，省级中小企业公共技术服务示范平台和中小企业技术创新基地的技术服务收入免征营业税及附加。

（十三）引导中小企业集聚发展

按照布局合理、功能完善、特色鲜明、用地集约、生态环保的原则，培育一批省级中小企业产业集聚示范区。支持重点特色产业基地和产业集群实施品牌战略，提高特色产业比重，壮大龙头骨干企业，延长产业链，提高专业化协作水平，形成一批特色鲜明、竞争力强的产业基地和产业集群。鼓励中小企业与大型企业开展多种形式的经济技术合作，建立稳定的供应、生产、销售等协作关系。

四、提高中小企业经营管理水平

（十四）引导和支持中小企业加强管理

按照科学、规范、精细、效能的要求，指导帮助中小企业加强内部管理。支持中小企业建立现代企业制度，完善法人治理结构，推进管理创新。引导中小企业提高产品质量水平，建立健全质量管理体系。支持中小企业取得质量管理体系认证、环境管理体系认证和产品认证等国际标准认证。督促中小企业苦练内功、降本增效，严格遵守安全、环保、质量、卫生、劳动保障等法律法规,诚实守信经营,履行社会责任。

（十五）加强对中小企业各类人员的培训

加大财政资金对中小企业培训工作的支持力度,促进行业协会（商会）、中小企业培训机构开展政策法规、企业管理、市场营销、专业技能、客户服务等各类培训。用 3 年时间,对规模以上中小企业的主要经营管理人员实施轮训。

（十六）加快推进中小企业信息化

引导中小企业利用信息技术提高研发、管理、制造和服务水平,提高市场营销和售后服务能力。鼓励信息技术企业开发和搭建行业应用平台,为中小企业信息化提供软硬件工具、项目外包、工业设计等社会化服务。各级财政的技术进步专项资金应安排一定比例支持中小企业信息化建设。

五、营造有利于中小企业发展的良好环境

（十七）加大财政资金扶持力度

逐步增加省级中小科技型发展引导专项资金的规模。重点支持中小企业发展新兴产业、开展技术创新,改善集聚发展、规模发展和转型升级的公共服务环境。省级财政用于扶持企业发展的其他资金,应逐步提高扶持中小企业发展的比例。各市、县（市）人民政府应相应建立扶持中小企业发展专项资金,并逐步增加资金规模。

（十八）认真落实各项税收优惠政策

1. 对年应纳税所得额不超过 30 万元的符合条件的小型微利企业,减按 20％的税率缴纳企业所得税;从 2010 年 1 月 1 日至 2010 年 12 月 31 日,对年应纳税所得额低于 3 万元的符合条件的小型微利企业,其所得减按 50％后计入应纳税所得额,按 20％的税率缴纳企业所得税。

2. 符合条件的创业投资企业采取股权投资方式,投资于未上市的中小高新技术企业 2 年以上的,可按其投资额的 70％,在股权持有满 2 年的当年抵扣该企业投资企业的应纳税所得额;当年不足抵扣的,可在以后纳税年度结转抵扣。

3. 中小企业缴纳城镇土地使用税确有困难的,可按规定向主管地税机关提出减免申请。

4. 中小企业的固定资产由于技术进步原因需加速折旧的,可按规定缩短折旧年限或者采取加速折旧的方法。税务机关应及时指导企业办理事前备案手续。

5. 中小企业投资国家鼓励类项目,除《国内投资项目不予免税的进口商品目录》所列商品外,所需进口的自用设备以及按合同随设备进口的技术及配套件、备件,免征进口关税。

6. 全面落实高新技术企业、软件企业和资源综合利用等的税收优惠政策,对中小企业从事符合条件的环保、节能节水项目的所得,按规定给予企业所得税优惠。对企业购置用于环保、节能节水、安全生产等专用设备的,该专用设备投资额的 10％可从企业当年的应纳税额中抵免;当年不足抵免的,可在以后 5 个纳税年度结转抵免。

7. 中小企业因有特殊困难不能按期纳税的,可依法申请在 3 个月内延期缴纳。

（十九）统筹解决中小企业用地需求

要按照产业结构调整和淘汰落后产能的要求,通过改造利用闲置场地、建设多层标准厂房等方式,采取切实有效措施盘活存量土地。各级人民政府在制订和实施土地利用总体规划和年度土地供应计划时,要统筹考虑中小企业投资项目用地需求,对特色产业基地、产业集群(集聚区、工业园区)、小企业创业基地以及高成长中小企业投资项目的多层标准厂房建设要优先供地。对符合条件并纳入省重点培育高成长中小企业的高新技术产业、现代服务业、新兴产业和高端制造业等重大项目优先供地。

(二十)构建和谐劳动关系

采取切实有效措施,加大对劳动密集型中小企业的支持力度,稳定和增加就业岗位。对中小企业吸纳符合条件的就业困难人员就业、签订劳动合同并缴纳社会保险费的,按规定在相应期限内给予基本养老保险、基本医疗保险、失业保险等社会保险补贴。重点推进工资集体协商制度,中小企业可与职工就工资、工时、劳动定额进行协商,签订工资集体合同。简化审批程序,对符合条件的,可向县级以上人力资源社会保障部门申请实行综合计算工时和不定时工作制。

(二十一)加大政府采购支持中小企业的力度

制定政府采购扶持中小企业发展的具体办法,提高采购中小企业货物、工程和服务的比例。重点支持中小企业开发的自主创新产品。进一步提高政府采购信息发布透明度,完善政府公共服务外包制度,为中小企业创造更多参与机会。推动中小企业政府采购信用担保融资工作。

六、强化对中小企业工作的组织领导

(二十二)加强组织领导

成立省人民政府促进中小企业发展联席会议制度,加强对中小企业工作的统筹规划、组织领导和政策协调。联席会议办公室设在省经济和信息化委(省中小企业局)。各地可根据工作需要,建立相应的组织机构和工作机制。

(二十三)加强对中小企业工作的指导

各级人民政府要把中小企业发展纳入国民经济和社会发展总体规划。各级中小企业行政管理部门要切实履行《江苏省中小企业促进条例》赋予的工作职责,加强综合协调和指导服务,督促发展中小企业各项政策措施的落实。政府其他有关部门要在各自职责范围内对中小企业进行指导和服务,落实有关政策。建立全省中小企业工作激励机制,对促进中小企业发展成效显著的市、县(市),省人民政府给予表彰。

(二十四)建立中小企业统计监测制度

省统计局会同省中小企业局建立和完善对中小企业的分类统计、监测、分析及发布制度,加强对规模以下企业的统计分析工作。省有关部门要及时向社会公开发布发展规划、产业政策、行业动态等信息,逐步建立中小企业市场监测、风险防范和预警机制。

(二十五)营造有利于中小企业发展的良好环境

清理不利于中小企业发展的政策文件和规章制度,优化中小企业发展环境。深化行政审批制度改革,全面清理并进一步减少、合并行政审批事项,实现审批内容、标准和程序的公开化、规范化。严格执行省人民政府关于取消部分行政事业收费项目的文件规定,切实减轻中小企业负担。各级人民政府应设立举报电话,及时受理和处理中小企业反映的问题。

2010 年 8 月 3 日

附录 10　省政府关于加强企业创新促进转型升级的实施意见

苏政发〔2011〕117 号

各市、县(市、区)人民政府,省各委办厅局,省各直属单位:

企业是技术创新和产业转型升级的主体,是技术成果的主要创造者、使用者和推广者,是经济实力和发展活力的根基。为深入实施创新驱动战略,加强企业创新,促进产业转型升级,又好又快推进"两个率先",特制定如下实施意见。

一、明确企业创新的总体要求和主要目标

(一)总体要求

深入贯彻落实科学发展观,紧扣推动科学发展、建设美好江苏主题和加快转变经济发展方式主线,按照"自主创新,高端引领,转型升级,跨越发展"的要求,以聚焦高端产业技术创新为核心,以培育自主知识产权、自主品牌、创新型企业和高新技术企业为重点,以深化产学研合作为载体,着力加大投入,着力激发活力,着力集聚人才,着力优化环境,协调推进企业技术创新、管理创新和制度创新,全面提升企业自主创新能力,大幅度提高企业创新对经济增长的贡献率,不断提高产业国际竞争力,加快建设创新型省份,为又好又快推进"两个率先"作出新的更大贡献。

(二)主要目标

到"十二五"末,全省企业创新能力明显增强,企业发展质态明显改善,企业管理水平明显提升,企业创新环境明显优化,富有竞争力的区域创新体系更加完善。具体目标:力争全省大中型骨干企业研发投入占销售收入的比重达 2%,实现企业研发投入、企业研发人员总量比"十一五"末翻一番。培养 1 000 名科技企业家、10 000 名职业经理人。企业发明专利授权量达 14 500 件,培育一批国内外知名品牌,制(修)订一批国际、国家和行业标准。技术改造投入实现倍增。培育 100 家具有国际竞争力、引领产业发展的创新型领军企业。重点产业的主要技术装备达到国际先进水平。

二、大力推进企业技术创新

(三)强化企业主体地位

深入推进国家技术创新工程试点工作,推动企业真正成为创新需求、研发投入、技术开发和成果应用的主体。切实加强企业各类研发机构建设,支持龙头骨干企业建设技术研究院,支持大中型企业普遍建立工程技术研究中心、企业技术中心、研究生工作站、博士后工作站、院士工作站。鼓励有条件的企业并购或建立海外研发机构。切实加大企业创新特别是引进消化吸收再创新和科技成果转化的投入。在重点行业、重要产业集聚区加快建设各类科技服务平台。到"十二五"末,省级以上工程技术研究中心、企业技术中心、工程实验室等各类技术研发机构达 3 000 家以上。

（四）培育创新型领军企业

深入实施自主创新"双百工程"和创新型领军企业培育计划，集成国家、地方及社会创新资源，着力打造具有国际竞争力、引领产业发展的创新型领军企业。推动创新型领军企业主动参与国际研发分工，设立海外研发中心，更多介入国际技术标准制定。支持创新型领军企业进入国际资本市场融资发展。

（五）推进产学研深度融合

积极探索多层次、多形式的产学研联合方式。培育建设一批企业牵头、高校和科研院所参与的新型产学研共建研发机构，切实改变科研与产业、研发与应用相脱节的状况，实现创新要素与生产要素在产业层面的有机衔接。加强产学研合作载体建设，鼓励企业与高校和科研院所共建"孵化器"、实验室等各类研发紧密联合体，促进大型科研基础设施和开发平台开放使用，实现全社会资源共享。引导产学研各方围绕产业技术创新需求和打造重点产业链，建立各类产业技术创新和产业发展战略联盟。

（六）加速创新成果转化

积极推动创新成果向现实生产力转化，优化投资结构，提高创新成果转化项目投资规模，打造产业发展新亮点。鼓励企业大规模开展新产品开发和技术改造，在新兴产业规模发展、产业链配套完善、信息化工业化融合、节能减排降本增效、质量品牌创优、中小科技型企业成长等重点领域，扎实推进"百项千亿"技改工程，全面提升企业质态。对装备水平、工艺技术和产品质量达到国际领先水平的传统产业企业，经省财政厅、经济和信息化委、科技厅、国税局、地税局、质监局按照制定的规范标准联合认定，企业所得税超过高新技术企业适用税率征收的，超收部分的市、县留成，市、县可视情安排支出支持企业发展。

（七）支持企业开拓新产品市场

鼓励保险公司创新科技保险产品，建立企业创新产品市场应用的保险机制。鼓励高新技术企业积极投保科技保险，防范化解产品研发与创新风险。通过政府首台首购（用）、以奖代补等多种形式，培育壮大新兴产业新产品市场。支持企业积极推广新产品，对参加国内外品牌会展和由省有关部门组织的重点品牌展销活动的企业，由省财政厅会同相关部门对企业展位费用给予适当补助。

（八）强化信息技术带动作用

运用信息技术提高企业创新能力，围绕传统优势产业和重点产业集聚区，通过典型引路筛选出一批适合行业应用的信息化解决方案，提高全行业信息化应用程度。大力实施制造业和服务业的信息化支撑行动，推动设计数字化、装备智能化、生产自动化、管理网络化、商务电子化"五化联动"。开发推广云计算、传感制造等新技术，培育一批信息化服务企业，促进信息技术的集成创新与协同应用。大力实施企业信息化"百企示范、千企试点、万企行动"工程，促进信息技术对企业的全面渗透，打造一批"智慧企业"。强化信息安全保障，建立健全信息安全管理制度。

三、大力推进体制机制创新

（九）推动企业兼并重组

放宽民营经济准入门槛，鼓励民营企业参与国有企业改革、改制和重组。支持行业龙头企业围绕产业链延伸配套、强强联合和上下游一体化经营，开展跨国、跨地区、跨行业、跨所有制的兼并重组。支持有条件的企业实施海外并购,建立海外供应和销售基地、境外加工生产基地。支持省内企业收购国外研发机构、品牌营销网络,建立产业创新国际合作联盟,提高企业发展质量和效益,增强企业抵御市场风险能力。

（十）健全企业创新激励机制

建立与创新成果挂钩的薪酬制度,在创新收益的分配上要向对创新成果作出贡献的科技人员倾斜,拉开创新与非创新、高水平创新与一般创新的收入差距,鼓励科技人员持续创新。鼓励企业试点推行股票期权等多种形式的股权激励机制。

（十一）加强企业知识产权保护和运用

强化宣传引导,营造保护知识产权的社会氛围。有针对性地对企业领导、管理人员、科研人员进行知识产权知识的宣传普及,帮助企业树立应用知识产权、保护知识产权的理念,为企业培养一大批高素质的知识产权工程师。推进企业建立规范化的知识产权管理体系,建立知识产权预警机制,强化企业生产经营全过程的知识产权管理。引导和支持企业将知识产权战略与企业经营发展战略有机结合,有效利用专利信息开展技术创新和市场分析,积极构建专利池并建立知识产权联盟,积极参与国内外市场竞争。发布重点专利成果产业化导向目录,鼓励企业加快自主知识产权产业化。加大对知识产权的保护力度,依法严厉打击各种侵犯知识产权行为,切实保护企业创新权益。

四、大力推进企业管理创新

（十二）提升质量水平

组织实施"质量强省工程",大力推广"5S"（整理、整顿、清扫、清洁和素养)管理、六西格玛管理、精益管理等先进质量管理方法。积极推行卓越绩效管理模式,培育一批在全国、全省具有示范作用的卓越绩效标杆企业。广泛开展"QC"（品质控制)小组等群众性质量活动。加快质量诚信体系建设,落实企业主体责任,建立健全质量检验监测体系。鼓励企业实施管理体系认证,积极争创全国质量奖。

（十三）强化标准建设

支持企业参与国际标准、国家标准、行业标准的制(修)订。组织研究制订对产业特别是新兴产业发展有重大促进作用的技术标准和体系,鼓励企业建立国际标准跟踪机制,积极争取国家标准创新贡献奖。

（十四）创新管理模式

引导企业导入现代管理理念,建立适合自身发展的先进管理模式,提升企业管理科学化水平。加快推进企业决策机制、用人机制、分配机制、激励约束机制创新,完善管理流程,实现从经验管理向科学管理转变。加快企业股份制改造和上市步伐,进一步健全和完善企业法人治理结构,鼓励企业依法登记股权、进场交易。支持企业管理信息化建设,促进企业由渐进式的产品创新扩展到突破式的商业模式创新。积极借鉴和推广合同能源管理、总承包总集成等新型商业模式,引导企业突破行业界限和传统思维,通过重组既有模式、改变关键环境等方式,增加企业收入,降低成本和控制风险,使商业模式成为企业技术创新的倍增器。

（十五）加快品牌创建

全面增强企业商标注册、培育、运用、保护和管理能力,打造自主品牌。鼓励企业开展商标国际注册,使用自主品牌拓展国际市场,培育国际知名品牌。加强对企业自主品牌建设的支持。政府采购在同等条件下应优先采购驰名、著名商标及省名牌企业的商品和服务;优先扶持驰名、著名商标及省名牌企业建立国家级、省级企业技术中心;鼓励各银行业金融机构和小额贷款公司面向驰名、著名商标及省名牌企业开展商标质押贷款;支持帮助驰名、著名、知名商标企业在海关总署办理知识产权海关保护备案手续;对品牌培育基地内知名品牌企业在土地供给、融资贷款等方面优先安排。研究制订《江苏省名牌管理办法》,完善名牌培育、评价、宣传和保护机制。鼓励企业争创中国工业大奖。对企业发展品牌中实施的新产品开发、质量攻关、标准体系建设、品牌营销与推广等项目给予支持。倡导企业信用自律,建立企业信用信息征集、整合、记录、披露和使用制度,培育合同诚信企业、质量诚信企业、诚信经营企业、技术合作诚信企业。

五、构筑企业创新人才高地

(十六)着力培养创新型企业家

深入实施"科技企业家培育工程",推进"企业家素质提升计划",在国内外知名高校建立培训基地,开展思维创新、管理创新等培训,培养一批具有全球战略眼光、市场开拓精神和持续创新能力的领军型战略企业家。采用市场化运作模式,深入开展职业经理人任职资格培训与认证工作,加快培养造就一批具有创新意识的职业经理人。大力弘扬企业创新文化,倡导以创新为荣的价值导向,营造敢冒风险、尊重创造、允许失误、宽容失败的企业创新氛围。

(十七)壮大企业创新人才队伍

组织实施"双创计划"、"333工程"和"汇智计划",鼓励企业面向海内外招揽人才,在创新创业实践中培养人才。"十二五"期间,重点引进100个具有国际先进水平的科技创新团队、2000名创新创业领军人才,资助2000名博士到企业创新创业;培养1000名企业高层次创新型科技人才;从高校、科研院所选派10000名教授、博士到企业和基层服务,选聘500名优秀科技企业家到高校担任"产业教授"(兼职教授),全面推行产学研联合培养研究生的"双导师制";依托企业院士工作站、博士后工作站、研究生工作站、"千人计划"工作站等创新平台,吸引更多的高端人才到企业创新创业。

(十八)大规模培养高技能实用性人才

面向产业发展需求,适当调整大专院校专业设置和招生计划,优化发展职业教育。实施百万高技能人才培养工程,依托高技能人才公共实训基地、大型骨干企业、技师学院、高级技工学校等,加快培养造就一批企业急需的高技能人才。进一步健全企业职工培训制度,建立技能大师工作室、企业"首席技师"制度,重点从我省支柱产业中的骨干企业选拔培养500名技艺精湛的"首席技师"。企业要按规定足额提取并合理使用职工教育经费。

(十九)创新企业人才政策

鼓励有条件的企业按不低于企业销售收入的0.6%设立人才发展专项资金,用于企业人才的引进、培养和使用。在我省企业创新创业的国家"千人计划"、省"双创计划"人才,"科技企业家培育工程"、"333工程"培养对象,以及省"产业教授"(兼职教授),个人所得税地方留成部分,市、县可给予奖励,奖励总额原则上累计不超过30万元。鼓励科技人才到企业推进创新成果产业化,其工作成效作为职称评审的重要条件。

六、强化企业创新保障措施

（二十）进一步落实鼓励创新优惠政策

本着便利、快速、从优的原则积极受理企业相关申请，进一步落实引进技术设备免征关税、重大技术装备进口关键原材料和零部件免征进口关税和进口环节增值税、企业购置固定资产抵扣增值税、软件产品超税负增值税即征即退等鼓励企业创新的各项优惠政策。落实国家进口先进设备贴息政策，制订我省引进先进设备贴息目录。指导和支持企业设立专门账户，正确核算研发费用，更加有效地落实研发费用加计扣除政策。简化认定工作流程，鼓励和支持更多企业申报高新技术企业，享受高新技术企业税收优惠政策。

（二十一）加大对企业创新的支持力度

支持企业积极申报国家有关创新专项，对国家要求地方配套且符合配套规定的项目，省在现有相关专项资金中优先给予配套。整合优化省有关专项资金，在支持重点上由单个企业向产业链整体关键环节转变，在使用方向上向实体经济、重点领域、创新服务平台倾斜，提高资金使用集中度和效率，形成政策叠加效应。对新兴产业领域经省级认定的具有自主知识产权、自主品牌的高新技术和自主创新新产品以及首台（套）装备，给予一定比例的保费补助；对收购国外研发机构、品牌营销网络的省内企业，按收购合同金额的 5% 给予最高不超过 500 万元的一次性奖励；对获得中国工业大奖和全国质量奖的企业，分别给予 300 万元和 200 万元的一次性奖励；从 2011 年 1 月 1 日起，对新获中国驰名商标的生产型企业给予 50 万元的一次性奖励，其他类型企业给予 30 万元的一次性奖励；对承担国际（国家）标准化专业技术委员会、分委会、工作组的企业，省级财政每年给予适当资助；对主导制（修）订国际标准、国家标准的企业，省级财政分别给予 50 万元和 30 万元的一次性奖励。各市、县（市）人民政府也要加大力度支持企业创新。

（二十二）积极引导创新要素向企业集聚

拓宽企业融资渠道。加快发展创业投资，积极引导创业投资加大对初创期、种子期科技企业的投入力度。鼓励和支持企业通过发行企业债、公司债、中期票据、短期融资券、信托产品等债务融资工具以及上市融资、增资扩股等方式筹集创新资金。支持发行中小企业集合票据、集合债，稳步推进知识产权质押贷款、高新技术企业挂牌交易、科技保险、科技担保等工作。引导银行加大对创新型企业的信贷支持力度。整合全省产权市场资源，建立区域性产权交易市场，为非上市公司提供股权转让服务。支持国家级高新区争取开展国家代办股份转让系统试点。鼓励企业盘活现有存量用地，对用于企业创新的科研试验用地，参照工业用地管理。企业兼并重组中涉及的划拨土地，符合《划拨用地目录》的，经所在地人民政府批准，可以划拨方式使用。划拨土地使用权价格，可依法作为土地使用权人的权益。国家及省重点产业调整和振兴规划确定的企业兼并重组项目涉及的原以划拨方式取得的生产和经营性用地，按照有关规定依法批准后，可以作价出资（入股）方式处置。

（二十三）加强企业创新的组织领导

坚持一把手抓第一生产力，落实岗位责任制，形成协调高效的组织服务体系。建立科学评价体系，把企业创新作为地方发展和部门工作业绩评价的重要内容，分解落实企业创新目标任务，加强考核评价和督查推进。加强协调配合，建立政府有关部门密切配合的协调机制、省与地方支持企业创新的联动机制,集成各种创新资源和力量,共同推动企业创新工作。省人民政府每 2 年表彰一批企业创新先进单位。

各市、省各有关部门和单位要根据本意见制定实施细则。

2011 年 8 月 15 日

附录11　省政府关于改善中小企业经营环境的政策意见

苏政发〔2011〕153号

各市、县(市、区)人民政府,省各委办厅局,省各直属单位:

中小企业在促进经济增长、扩大社会就业、推动科技创新等方面具有重要作用。为了帮助中小企业特别是小型微型企业解决当前融资难、税费负担偏重等实际困难和问题,进一步改善中小企业经营环境,特提出如下政策意见:

一、重点加强对小型微型企业的信贷支持

综合运用再贷款、再贴现、差别存款准备金率等货币信贷政策工具,支持银行业金融机构特别是小金融机构增加对小型微型企业的信贷投放。商业银行重点加大对单户授信500万元以下小型微型企业的信贷支持力度。银行业金融机构对小型微型企业贷款的增速不低于全部贷款平均增速,增量不低于上年同期水平。

二、降低中小企业融资成本

严格控制贷款利率上浮幅度,对符合产业政策的中小企业,银行业金融机构的贷款利率上浮最高不得超过30%,并不得与企业存款挂钩,不得强制贷款企业购买理财、保险、基金等金融产品,不得强制符合贷款条件的企业再到相关担保机构办理担保,不得变相收取企业手续费和承诺费、资金管理费,严格限制收取财务顾问费、咨询费等费用。

三、拓宽中小企业融资渠道

逐步扩大中小企业集合票据、集合债券、短期融资券发行规模,并鼓励担保机构介入发行工作,积极稳妥发展私募股权投资和创业投资等融资工具。进一步推动交易所市场和场外市场建设,改善小型微型企业股权质押融资环境,探索建立科技产权交易中心。推动更多符合条件的企业在中小板和创业板上市融资。积极发展中小企业贷款保证保险和信用保险。

四、细化对小型微型企业金融服务的差异化监管政策

对商业银行发行金融债所对应的单户500万元以下的小型微型企业贷款,在计算存贷比时可不纳入考核范围。允许商业银行将单户授信500万元以下的小型微型企业贷款视同零售贷款计算风险权重,降低资本占用。适当提高对小型微型企业贷款不良率的容忍度。

五、推动资金加速周转

组织小型微型企业加快手持商业票据流转,腾出部分信贷规模,优先用于商业票据贴现和应收账款保理。通过政府引导和社会参与,成立省票据流通机构,促进企业手持商业票据加快流转。

六、加强贷款监管和资金链风险排查

加强小型微型企业贷款投向和最终用户监测,确保用于企业正常生产经营。对资产负债率超过 75％的企业,进行资金链排查,防范和处置风险。

七、促进基层社区化小金融机构改革与发展

对小型微型企业贷款余额和客户数量超过一定比例的商业银行,放宽机构准入限制,允许其批量筹建同城支行和专营机构网点。强化地方性金融机构重点服务小型微型企业、社区、居民和"三农"的市场定位,在审慎监管的基础上,促进农村新型金融机构组建工作,引导中小金融机构向辖内县域和乡镇地区延伸服务网点。引导和鼓励银行业金融机构在现有小企业金融服务专营机构中设立专门的科技金融服务部门或团队,加强对科技型小型微型企业的金融服务。加快发展小额贷款公司(以下简称小贷公司)等新型金融组织,加快科技小贷公司试点进度,鼓励农村小贷公司、科技小贷公司加大对小型微型企业的支持力度。

八、在规范管理、防范风险的基础上促进民间借贷健康发展

研究出台加强民间融资管理的指导意见,引导民间资本投入实体经济,实现阳光化、规范化发展。将各类经营费率、业务手续费等严格控制在银行贷款基准利率的 4 倍以内,有效遏制民间借贷高利贷化倾向,依法打击非法集资、金融传销等违法活动。严格监管,禁止金融从业人员参与民间借贷。

九、加大对小型微型企业税收扶持力度

对从事国家非限制和非禁止行业并符合条件的小型微利企业,减按 20％的税率征收企业所得税。进一步扩大优惠政策适用范围,对年应纳税所得额低于国家规定标准的小型微利企业,其所得减按 50％计入应纳税所得额,按 20％的税率缴纳企业所得税,并延长至 2015 年。对符合条件的国家、省中小企业公共技术服务示范平台,经批准可纳入科技开发用品进口税收优惠政策范围。

十、支持金融机构加强对小型微型企业的金融服务

对金融机构向小型微型企业贷款合同 3 年内免征印花税。金融企业对中小企业发放贷款发生的损失,凡符合规定条件的,按规定程序和要求向主管税务机关专项申报后,在税前扣除;2013 年底前,金融企业对中小企业发放贷款所计提的专项准备金,符合条件的,可按规定比例在税前扣除。中小企业因货款、货物无法收回等所造成的资产损失,凡符合规定条件的,按规定程序和要求向主管税务机关申报后,在税前扣除。

十一、减轻生产经营者个人税收负担

提高小型微型企业增值税和营业税起征点。认真落实新修订的《中华人民共和国个人所得税法》,严格按照新的费用扣除标准和税率表,对个体工商户业主、个人独资企业和合伙企业自然人投资者计征个人所得税;将代开货物运输业发票个人所得税预征率从 2.5％下调至 1.5％;将从事建筑安装工程作业的单位和个人核定征收个人所得税的比率,从不低于工程价款的 1％下调至不低于工程价款的 8‰。

十二、优先办理中小出口企业退税

在加强监管的基础上,对中小出口企业按月优先办理退税,中小出口企业凡退税资料齐全的,实行当月申报当月审核退税。同时,加强培训辅导,帮助企业提高退税申报质量和速度。

十三、加大省级专项资金对中小企业的扶持力度

适当增加省级中小科技型企业、省现代服务业发展专项引导资金规模,加大与国家专项资金的配套对接力度,科学运用间接方式,扶持小型微型企业。进一步清理取消和减免部分涉企收费。国家、省支持企业发展的财政资金,符合税法规定的,可作为不计税收入,在计算企业所得税所得额时,从收入总额中减除。

十四、支持战略性新兴产业发展

省财政安排 10 亿元,设立省级战略性新兴产业专项引导资金,与国家引导资金配套,支持我省战略性新兴产业领域企业特别是成长性强的中小企业,尽快形成规模和技术优势,培育新的经济增长点。

十五、加快担保体系建设

建立和完善省、市、县三级担保网络服务体系,省财政安排 2 亿元充实省再担保公司注册资本。

十六、推动省级新兴产业创业投资引导基金与有关市、县和省级机构加强合作,促进创业投资企业加强对新兴产业领域中小企业的支持。

十七、对出口企业信用保险给予补助

省财政继续安排专项资金,对参加进出口信用保险的企业给予保费补助,扶持我省企业扩大出口业务规模,降低进出口交易的资金风险。

十八、实行社会保险缓缴政策

在确保社保待遇按时足额支付、社保基金不出现缺口、保持正常运行的前提下,对符合转型升级要求的中小企业确因特殊困难暂时无力缴纳社会保险费的,可通过提供资产担保或者其他有效缴费担保,经县级以上地方税务机关征求同级人力资源社会保障部门和财政部门意见后予以批准,可缓缴除基本医疗保险费之外的社会保险费。缓缴执行期为 1 年,缓缴期不得超过 6 个月。缓缴期满后,缴费单位按有关规定及时补缴缓缴的社会保险费及其银行活期利息。

2011 年 11 月 2 日

附录12　省政府关于加大金融服务实体经济力度的意见

苏政发〔2012〕66号

各市、县(市、区)人民政府,省各委办厅局,省各直属单位:

第四次全国金融工作会议明确提出"坚持金融服务实体经济的本质要求"。实体经济是金融发展的根基,离开了实体经济,金融就会成为无源之水、无本之木。江苏实体经济比重大、基础好、实力强,具有明显比较优势,这得益于金融的有力支持,也为金融业健康持续发展提供了广阔空间。当前,在国内外经济环境复杂多变的情况下,我省实体经济在融资方面还面临一些矛盾和困难,必须引起高度重视。为深入贯彻落实全国金融工作会议精神,紧扣科学发展主题和加快转变经济发展方式主线,加大金融服务实体经济力度,保持经济平稳较快发展、促进经济转型升级、又好又快推进"两个率先",现提出以下意见:

一、切实加大对产业转型升级和科技自主创新的信贷支持

(一)各银行业金融机构要全力支持我省正在实施的转型升级工程

围绕产业优化升级"三大计划"、"万企升级"行动计划、"百项千亿"技改工程等重点,积极增加对高新技术产业、战略性新兴产业、优势产业和传统产业改造升级的信贷投入,使信贷资金更多投向能够提升产业层次、引领产业升级的新建和技改项目,促进构建现代产业体系。积极支持苏南产业向苏中、苏北转移,对转移到苏中、苏北地区的产业项目和南北共建园区项目,要优先给予信贷支持。

(二)有效提升对科技创新的信贷支持能力

各银行业金融机构要加大对科技自主创新的信贷投入,保证科技企业的合理资金需求。探索以贷款和投资相结合的方式支持中小型科技企业发展。加强科技信贷专营机构建设,依托国家和省级高新区设立科技支行或科技信贷业务部。扩大科技小额贷款公司覆盖面,支持科技企业集聚度较高的省级以上高新区、大学科技园申请设立科技小额贷款公司。建立健全科技贷款统计制度,确保科技贷款年均增长率不低于20%。

(三)优先安排对"三农"的信贷投放

农业发展银行要加大对农业产业化、农业科技和农村基础设施建设中长期信贷支持。农业银行和农村金融机构要坚持为农服务方向,邮政储蓄银行要加快农村信贷业务发展,重点支持种养殖项目和农副产品加工项目。各银行业金融机构对"三农"贷款要优先安排,确保"三农"贷款增长率不低于全部贷款平均增长水平。

二、不断改善对企业的金融服务

(一)保障重点骨干企业的合理资金需求

按照"一企一策"的思路,加强对重点骨干企业的金融服务。对于符合产业政策,生产经营正常、有市场、有效益的重点骨干企业,金融机构要积极给予贷款保障;对在行业内市场占有率较高,具有竞争优势和发展潜力,但生产经营中遇到暂时困难和财务风险的重点骨干企业,要在当地政府组织协调下,通过财务重组、组建银团贷款等方式,千方百计帮助企业渡过难关、化解风险。

（二）增加对小型微型企业的信贷投入

各银行业金融机构要增设小企业金融服务专营机构,增加对县域分支机构的信贷授权,开发适应中小企业融资需求的金融产品,重点加大对单户授信 500 万元以下小型微型企业的信贷支持力度。大力推广"阳光信贷"工程,增进基层银行与小型微型企业客户的互信互动。确保银行业金融机构对小型微型企业的贷款增长率不低于全部贷款平均增长水平。

（三）落实对外贸出口企业的信贷支持政策

各银行业金融机构要进一步办好出口买方、出口卖方信贷业务,并充分运用内保外贷、开具出口信用证、出口保函等方式,加大对外贸出口企业的支持力度。对出口形势较为严峻的电子信息、光伏、船舶、纺织服装等行业要给予重点支持,帮助企业开拓市场、争抓订单。要更好地发挥出口信用保险的积极作用,提高出口信用保险限额满足率。改进贸易收结汇与贸易活动真实性、一致性审核,根据外贸企业需求提高结售汇制度的针对性和灵活性。改进预收货款结汇制度,有序扩大银行合作办理远期结售汇业务的覆盖范围。

三、着力解决重点项目的资金供需矛盾

（一）强化重大投资项目资金保障

适当提高中长期贷款比重,支持重点领域和重点地区项目建设。对条件成熟又事关全局和长远的新开工重大投资项目,特别是"十二五"规划确定的新开工项目和省政府确定的 200 个重大投资项目,金融机构要加强对接,优先安排信贷资金。加大对投资主管部门确定的重点项目的信贷支持力度,跟踪推进省转型发展汇报会签约项目和各市金融工作汇报会签约项目的落实情况,加快办理审贷手续,保证签约贷款及时到位。围绕沿海开发 5 年推进计划,加大对沿海地区重大基础设施和产业项目以及连云港国家东中西区域合作示范区建设项目的信贷支持力度。

（二）妥善处理政府融资平台贷款问题

坚持分类管理、区别对待、逐步化解的融资平台贷款处置原则,不搞"急刹车"、"一刀切"。在长期收益能够还本付息的前提下,允许融资平台项目贷款展期或借新还旧;在符合政策投向和风险可控的前提下,继续给予融资平台项目信贷支持,优先保证续建、在建融资平台项目特别是省级融资平台项目资金需求,防止出现"半拉子"工程。推广融资平台债务处置成功经验,通过项目增信、组建银团贷款、按照工程建设周期确定贷款期限等方式,稳定贷款存量,合理安排增量。

（三）促进房地产行业稳定健康发展

建立健全透明规范、可持续的保障性住房融资机制,积极支持保障性安居工程建设。满足居民首套自住房的贷款需求并给予利率优惠。对于综合实力强、市场信誉好、资产负债率合理的普通商品房开发项目继续给予信贷支持,重点支持套型建筑面积 90 平方米及以下为主的普通商品住房项目。

四、努力降低实体经济特别是企业融资成本

（一）严格控制贷款利率上浮幅度

对符合产业政策的行业和企业，倡导和鼓励银行业金融机构把贷款利率上浮幅度控制在 30% 以内。严格执行监管部门整治银行业金融机构不规范经营的要求，合理进行贷款定价，不得强制符合贷款条件的企业再到相关担保机构办理担保，不得通过以贷转存、存贷挂钩、以贷收费、浮利分费、借贷搭售、一浮到顶、转嫁成本等方式变相增加企业借贷成本。

（二）改进为企业的金融增值服务

深入开展工业企业融资洽谈活动，创新活动方式，搭建零距离对接、高效率洽谈、低成本融资的合作平台。鼓励和支持银行业金融机构向企业派遣金融顾问，通过"量身定做"、"贴身服务"等方式，为企业提供增值服务，建立新型银企合作关系。各金融机构不得收取服务费而不提供、少提供相应服务，不得以"财务顾问费"、"咨询服务费"为名变相提高贷款利率。

五、进一步提高直接融资比重

（一）充分发挥股票期货市场作用

加强对拟上市企业的跟踪服务，促进企业生产经营稳定增长，推动其尽快上市；支持中小企业在中小板、创业板和海外上市；力争"十二五"末全省境内外上市企业总数达到 500 家，比"十一五"末新增 200 家。支持南京、苏州、无锡 3 个国家级高新区进入新三板扩容试点，引导省内其他高新区内高新技术企业做好与新三板的对接。鼓励和支持上市公司利用资本市场功能进行再融资和并购重组，加快做大做强。鼓励实体企业利用期货市场开展套期保值，增强抵御风险能力。

（二）扩大直接债务工具融资规模

积极争取地方政府债券发行试点。组织重大基础设施、住房保障、生态环境等重点项目通过发行债券筹集建设资金，推动具备条件的企业充分利用企业债、短期融资券和中期票据等直接债务融资工具。完善和推广区域集优债务融资机制，增加中小企业集合票据、集合债券发行，探索发行中小企业私募债券和结构化债券融资等品种。鼓励银行业金融机构和担保机构介入发行工作。

（三）鼓励创业投资和股权投资发展

积极有序发展私募股权投资和创业投资，促进股权投资和创业投资基金规范健康发展。着力引进海内外创业资本，鼓励民间资本设立创业投资机构，省辖市、省级以上高新区以及有条件的县（市、区）要设立以支持初创期科技企业为主的创业投资机构。探索建立科技产权交易中心，推动场外市场建设，改善企业股权融资环境。

六、积极发挥担保和保险业的支持保障作用

（一）健全融资性信用担保机制

建立健全政府扶持、多方参与、市场运作的融资性信用担保机制，进一步规范融资性担保公司市场行为。扩大企业有效担保物范围，创新贷款抵质押方式，开展小额贷款保证保险。深入推进再担保体系建设，增强各级再担保公司资本实力，扩大再担保对"三农"和小型微型企业的担保覆盖面。

（二）改善和深化保险服务

完善政策性农业保险制度,巩固发展主要种植业品种保险,大力推进经济作物、养殖项目、设施农业以及农机具、渔船渔民保险,不断提高高效农业保险比重。加强科技保险专营机构建设,依托国家和省级高新区设立科技保险支公司或科技保险服务中心,扩大科技保险覆盖面。加快培育和完善文化产业保险市场,分散文化产业项目运作风险。

（三）发挥保险资金投融资功能

积极吸引和鼓励保险公司以股权、债权等方式投资重大民生工程、重点基础设施和大型龙头企业项目。引导和鼓励地方法人保险公司在投融资功能方面发挥积极作用。

七、深入推进金融改革和创新

（一）加快中小金融机构改革发展

引导和鼓励银行业金融机构向县域和乡镇地区延伸服务网点,重点在苏北地区增设分支机构和营业网点。强化城市商业银行、农村金融机构服务小型微型企业和"三农"的市场定位,大力发展村镇银行、小额贷款公司等新型金融组织,尽快实现村镇银行县域全覆盖,扩大农村小额贷款公司乡镇覆盖面。适当放宽民间资本、外资和国际组织资金参股中小金融机构的条件。

（二）加大金融创新力度

各金融机构要围绕服务实体经济,积极进行金融组织、产品和服务模式创新,提高金融产品多样化程度和金融服务个性化水平。要注重开发适合中小企业特点的金融产品和服务,采取商圈融资、供应链融资、应收账款融资等方式,帮助中小企业降低"两项资金"占用。鼓励金融机构通过承兑汇票、保函、信用证、信托理财、内保外贷等方式满足企业融资需求。拓展银行、证券、保险、信托、金融租赁等金融行业之间的合作关系,探索符合实体经济发展需求的综合化金融服务模式。充分运用现代科技成果,促进科技和金融紧密结合,建立健全多层次、多渠道的科技投融资体系。

八、强化对金融服务实体经济的政策引导支持

（一）提高货币信贷政策工具使用的针对性

灵活运用差别存款准备金率、再贴现、再贷款等货币政策工具,引导银行业金融机构结合各地实际,增加对实体经济的有效信贷投放。科学评估货币信贷政策导向效果,确保信贷投放总量和节奏与实体经济增长速度相适应。

（二）完善和落实支持小型微型企业发展的金融监管政策

适当放宽商业银行对小型微型企业贷款的不良率考核要求,完善小型微型企业信贷激励机制。支持符合条件的商业银行发行专项用于小型微型企业贷款的金融债。对小型微型企业贷款余额和客户数量超过一定比例的商业银行放宽机构准入限制。对商业银行发行金融债所对应的单户 500 万元以下的小型微型企业贷款,在计算存贷比时可不纳入考核范围。允许商业银行将单户授信 500 万元以下的小型微型企业贷款视同零售贷款计算风险权重,降低资本占用。

（三）用好税收优惠政策

对符合条件的中小企业信用担保机构免征营业税。落实和完善促进小额贷款公司、创业投资企业、科技保险发展的税收优惠政策。对金融机构向小型微型企业的贷款合同

2014年年底前免征印花税。2013年年底前,金融机构对中小企业发放贷款所计提的专项准备金,符合条件的,可按规定比例在税前扣除。放宽对小型微型企业贷款和涉农贷款的呆账核销条件,简化税务部门审核金融机构呆账核销手续和程序,鼓励金融机构依法及时核销小型微型企业贷款损失。

(四)加大财政政策扶持力度

省财政促进农村金融改革发展系列奖补政策到期后继续执行。继续通过财政贴息、给予风险补偿等方式,加大对小型微型企业贷款、科技贷款、中小企业融资担保的风险补偿力度,降低小型微型企业和科技企业的融资成本。继续安排专项资金,对参加出口信用保险的企业给予保费补助。适当提高高效设施农业保险保费补贴标准,加大对科技保险保费补贴力度。

九、加强金融监管防范化解金融风险

(一)切实加强金融监管

搞好信贷资金流向和最终用户监测,确保信贷资金用于企业生产经营,坚决抑制信贷资金和社会资本脱实向虚、以钱炒钱现象,防止虚拟经济过度膨胀和自我循环。健全系统性金融风险监测、评估、预警体系,加强对跨行业、跨市场、跨境金融风险的监测评估,建立层次清晰的金融风险处置机制和清算安排。强化地方政府的风险处置责任,发挥和完善现行金融监管协调机制的功能,实行信息共享,推进监管协调工作规范化、常态化。

(二)整顿规范金融秩序

有针对性地加强规范金融秩序、防范金融风险、严格遵守金融法规政策的社会宣传和教育。采取政府引导、金融机构参与中介服务等创新举措,逐步规范民间借贷活动,发挥民间借贷的积极作用。严厉打击非法集资、高利贷、地下钱庄等非法金融活动,严格禁止金融从业人员参与民间借贷。加强对各类交易场所的清理整顿,加强对融资性担保公司、典当行、小额贷款公司和农村资金互助社等机构的全面监测及有效监管,促进其依法合规经营。

(三)加强金融生态环境建设

在处置抵贷资产、进行破产清算等方面,有效保护金融机构合法权益,坚决制止逃废银行债务行为。深入开展"诚信江苏"和"金融生态县(市)"建设,培养诚实守信的社会信用文化,进一步优化地方金融生态环境,为金融业加快改革发展、更好服务实体经济创造良好条件。

2012 年 5 月 30 日

附录 13　省政府关于推进简政放权深化行政审批制度改革的意见

苏政发〔2013〕150 号

各市、县(市、区)人民政府,省各委办厅局,省各直属单位:

为深入贯彻党的十八大和十八届三中全会精神,进一步转变政府职能,现就推进简政放权、深化行政审批制度改革提出如下意见。

一、指导思想和目标任务

(一)指导思想

深入贯彻落实党的十八大、十八届三中全会精神和省委关于全面深化改革的部署,按照切实转变政府职能,深化行政体制改革,建设法治政府和服务型政府,确立市场在资源配置中的决定性作用和更好地发挥政府作用的要求,进一步简政放权,深化行政审批制度改革,切实减少和规范行政审批,全面优化行政审批服务环境,建立健全行政审批监管长效机制,推动政府职能向创造良好发展环境、提供优质公共服务、维护社会公平正义转变,为建设职能科学、结构优化、廉洁高效、人民满意的法治政府和服务型政府提供制度保障。

(二)目标任务

进一步加大简政放权力度,通过"减、转、放、免",使本届政府任期内省政府部门行政审批项目减少 1/3 以上,保留的一般性审批项目办结时限总体缩短一半以上,行政审批收费显著减少。从根本上处理好政府与市场、政府与社会的关系,形成权界清晰、分工合理、权责一致、运转高效、法治保障的地方政府机构职能体系,努力把江苏打造成行政审批少、行政效率高、发展环境优、市场活力强的地区。

(三)基本原则

1. 全面清理。对现有的行政许可项目、非行政许可审批项目进行全面清理,完整列出行政审批项目清单并实现目录化管理。最大限度减少对微观事务的管理,市场机制能有效调节的经济活动,一律取消审批;直接面向基层、量大面广、由地方管理更方便有效的经济社会事项,一律下放地方和基层政府。

2. 突出重点。集中关注重点领域、关键环节中具有重要影响的行政审批事项,重点取消行政相对人反映强烈、影响社会创造活力和市场自主调节作用发挥的事项。

3. 规范审批。按照高效便民、公开透明的要求,进一步健全政务服务体系。充分发挥各级政务服务中心作用,规范管理保留的行政审批事项,优化流程、简化手续、压缩时限、提高效率,建立岗位职责清晰、审批权限明确、工作标准具体的行政审批运行机制。

4. 强化监管。加强对行政审批运行的监督管理,充分发挥网上权力公开透明运行机制,健全监督制约机制,促进全面正确履行职能。强化后续监管,切实改变"重审批、轻监管""重制约、轻服务"的状况。

二、主要措施

(一) 大力精简行政审批事项

1. 进一步清理行政审批事项。着力清理涉及实体经济、民间投资和影响小微企业发展等方面的行政审批事项及各类不合理行政事业性收费。国务院取消的行政审批项目,我省的初审事项和对应的行政审批项目一律取消。没有法律法规依据,未按法定程序设定的带有行政审批性质的登记、年检、年审、监制、认定、审定等管理措施,一律取消。以强制备案、事前备案等名义变相实施行政审批的,一律取消。政府部门以规范性文件设定的行政审批事项,一律取消。通过间接管理、事后监管可以达到管理目的的审批事项,一律取消。行政审批中涉及的专项评估、评审、预审等,无法定依据的,一律取消。政府部门自行设立的评比、达标、表彰及其相关检查活动,一律取消。

2. 推进投资体制改革。进一步理顺政府与市场、省与地方、投资主管部门与前置审批部门的关系,最大限度减少投资审批事项。企业投资项目除关系国家安全、生态安全、重大生产力布局、战略性资源开发和重大公共利益等项目外,按照"谁投资、谁决策、谁收益、谁承担风险"的原则,一律由企业依法依规自主决策,政府不再审批。抓紧修订《江苏省政府核准的投资项目目录》,改革企业投资项目核准制,优化企业投资项目备案办法,实行公共资源竞争性配置。强化规划体系的指引作用,简化项目规划报批流程。改进环评审批制度,改革各类报建及验收事项管理。简化外商投资项目和企业境外投资项目核准、备案手续,不同部门不就同一投资项目重复核准,建立"指导、服务、监管"三位一体的管理体系。对已取消和下放核准权的项目,相应调整相关前置审批权限。

3. 推进工商登记制度改革。按照便捷高效、规范统一、"宽进严管"的原则,创新公司登记制度,放宽注册资本登记条件,降低准入门槛。根据国务院统一部署,推进工商注册制度便利化,精简工商登记前置审批项目,削减资质认定项目,由"先证后照"改为"先照后证",把注册资本实缴登记制逐步改为认缴登记制。放宽市场主体住所(经营场所)登记条件。将企业年检制度改为年度报告制度,并建立公平规范的抽查制度,提高政府管理的公平性和效能。大力推进企业诚信制度建设,完善信用约束机制。推行电子营业执照和全程电子化登记管理,与纸质营业执照具有同等法律效力。加快制定完善配套措施,加强对市场主体、市场活动的监督管理,切实维护市场秩序。

(二) 继续向社会和基层转移职能、下放权力

1. 加大力度向社会转移职能。除涉及重大公共安全、公共利益、经济宏观调控的事项外,取消对公民、法人和其他社会组织相关从业、执业资格、资质类审批,逐步交由行业组织自律管理。进一步精简和规范各类评优、评级、评比项目,对确需保留的,逐步转移给社会组织并依法加强监管。将政府部门可由社会组织承担的事务性管理工作、适合由社会组织提供的公共服务、社会组织通过自律能够解决的事项,转移给社会组织,更好地发挥社会力量在公共事务管理和服务中的作用。按照自愿承接和竞争择优等原则,将行业技术标准与规范制定、行业准入审查、资产项目评估、行业学术成果评审推广、行检行评、行业调查、培训咨询等行业管理和技术服务事项,逐步转移给社会组织承担。将环境影响评估、工作评估、卫生评价、审计验资、教育培训、标准研制等涉及需由专业机构、专业人员进行认定、评估的事项,逐步转移给社会组织和有关专业中介机构实施。

2. 加大向基层政府下放审批权限力度。凡设定依据规定由县级以上行政机关实施的行政审批事项,除省、市本级事项和需省、市政府统筹协调、综合平衡的事项外,一律交给县级人民政府直接审批。对下级政府不使用省财政资金承担的项目,在符合国家和省规定的情况下,一律交由下级政府直接审批。进一步扩大省直管县(市)、行政管理体制改革试点镇人民政府的经济社会管理权限。下放到设区市的权限,同时下放到省直管县(市),下放到县(市)的权限,同时下放到行政管理体制改革试点镇。坚持权力与责任同步下放、调控和监管同步加强、权力下放与能力建设同步推进,确保地方规范有序承接下放的审批权限。

3. 开展开发区行政审批制度改革试点工作。选择 3 个国家级开发区、3 个省级开发区开展行政审批制度改革试点,试行"园内事园内办结",加快促进园区行政管理和服务创新,为全省加快转变政府职能、提升园区行政效能和发展活力提供经验。开展项目前置审批试点,以一定区域为单位,统一办理水土保持方案、交通影响评价、矿产压覆、文物保护等前置审批。开展省级行政审批权限下放试点,重点是规划参数调整、外商投资企业设立审批、环境影响评价、企业登记等事项。

4. 培育和规范社会组织。加快形成政社分开、权责明确、依法自治的现代社会组织体制。按期实现行业协会商会与行政机关脱钩,强化行业自律,使其成为提供服务、反映诉求、行为规范的社会主体。引入竞争机制,推进一业多会,防止垄断。重点培育和优先发展行业协会商会类、科技类、公益慈善类、城乡社区服务类社会组织,除依据法律法规和国务院决定需要前置审批的外,成立社会组织时直接向民政部门依法申请登记。健全社会组织监管制度,形成公开、公平、公正的竞争激励机制,保证社会组织承接政府职能后改进服务方式,避免行政化倾向,促进社会组织健康有序发展。

5. 健全政府向社会力量购买服务机制。推广政府购买服务,凡属事务性管理服务,原则上都要引入竞争机制,通过合同、委托等方式向社会购买。制定政府购买服务指导性目录,明确政府购买服务的种类、性质和内容,并试点推广。严格政府购买服务资金管理,在既有预算中统筹安排,以事定费,规范透明,强化审计,发挥资金使用效益。建立政府购买服务的监督评价机制,建立由购买主体、服务对象及第三方组成的评审机制,评价结果向社会公布。对购买服务项目进行动态调整,对承接主体实行优胜劣汰,使群众享受到丰富优质高效的公共服务。

(三)规范行政审批事项设定和实施

1. 编制公布本级行政审批事项目录。在对行政审批事项全面清理的基础上,形成省级行政审批事项目录,经省人民政府批准后向社会公布。除涉及国家秘密及其他依法不予公开的行政审批事项外,一律予以公布。各部门不得在目录之外针对公民、法人或者其他组织实施行政审批。对已纳入目录的行政审批事项,要制定具体实施办法,明确事项名称、审批依据、实施机关、审批程序、审批条件、审批期限、收费标准等要素和内容。不得擅自增加、减少或者更改法律、法规、规章规定的行政审批事项前置条件和内容,不得将行政审批事项或者审批环节、步骤等拆分实施。各市、县(市、区)人民政府要公布本级行政审批事项目录,对审批事项进行统一管理。各级行政审批制度改革工作牵头部门要组织做好目录的编制公布、动态管理等工作,及时建立行政审批事项目录管理系统,实现对行政审批事项增加、调整或者变更过程和结果的信息化管理。

2. 严格控制新设行政审批项目。建立最严格的行政审批项目准入制度,切实防止行政审批事项边减边增、明减暗增。今后,省级一般不再新设行政审批事项;因特殊需要确需新设的,必须严格按照行政许可法规定的范围和程序执行,由省联席会议办公室审核,报省行政审批制度改革联席会议批准。各部门不得以"红头文件"等方式设定审批事项,不得以各种形式变相设置审批事项。

3. 加快构建政务服务体系。在巩固"四级便民服务网"建设成果的基础上,积极推进省级政务服务中心建设,加快构建覆盖全省、上下联动、功能完善、运行高效的五级政务服务体系。继续推进行政审批服务"三集中三到位",加强各级政务服务中心建设和管理,建立管理、监督、评价和责任追究机制,确保服务中心工作运转有序、管理规范、公开透明、高效廉洁。制订出台全省政务服务中心管理办法,统一规范省、市、县三级政务服务中心的名称、场所、标识、进驻部门、办理事项和运行模式等,推进政务服务规范化建设。健全政务服务中心运行机制,改进服务方式,提高服务水平,为群众提供更加优质高效的服务。

4. 规范行政审批权力运行。推行首问首办负责制、一次告知制、并联审批制、限时办结制、服务承诺制等,简化审批流程,压缩办理时限,提高行政效能。进一步减少中间层级和交叉环节,建立岗位职责清晰、审批权限明确、工作标准具体的行政审批运行机制。凡涉及两个及两个以上部门审批的项目,全部实行并联审批,取消中间环节,杜绝部门之间推诿扯皮行为。

5. 规范行政审批中介服务。加强行政审批中介服务机构监管,进一步规范中介服务行为。各行业主管部门不得设置或借备案管理等变相设置区域性、行业性中介服务执业限制;不得指定中介服务机构实施前置服务;不得委托中介服务机构变相实施行政审批和行政收费。强化行业主管部门与注册登记部门联合监管机制,整合业务相同或相近的检验、检测、认证机构。加强对中介咨询机构的管理,规范其服务行为,禁止把指定机构的咨询作为审批的必要条件。

(四)健全行政审批监督管理和长效机制

1. 加强对行政审批权力运行的监督管理。按照"谁审批、谁负责"的原则,建立违法设定或者实施行政审批责任追究制度,严格落实问责制度和责任追究制度,强化行政审批监督管理,推动行政审批行为程序化、法治化、公开化。加快建立完善网上审批和电子监察系统,充分运用现代信息网络技术,对行政审批事项的受理、承办、批准、办结和告知等环节实行网上审批、网络全程监控,及时发现和纠正违规审批行为。建立行政审批事项目录管理系统。不断扩大网上监督覆盖面,努力做到行政权力网上公开透明运行工作与政务服务中心审批和服务事项办理融合、与部门核心业务融合、与行政绩效管理融合,巩固行政权力网上公开透明运行"三个全覆盖"成果。

2. 强化对行政审批制度改革调整事项的后续监管。改进管理水平,加快构建行政监管、行业自律、社会监督、公众参与的综合监管体系,把该管的事情管住管好。审批事项取消下放后,各职能部门要针对取消调整事项逐项制定出台具体监管办法,综合采取相应监管措施,更多运用经济和法律手段履行监管职能,采取加大事中检查、事后稽查处罚力度等办法,保证相关管理措施落实到位。对下放的审批事项,承接审批的管理部门要抓紧制定管理方法,明确审批机关、审批对象、内容和条件,规范审批程序,及时向社会公布。对交由行业协会自律管理的项目,有关部门要加强指导,行业协会要制定具体办法,加强协调,规范行为,搞好服务,不得变相审批。建立投诉预警、跟踪投诉处理和公众监督激励机制,畅通投诉渠道,提高公众参与监管的积极性,鼓励和支持公众参与监管。

3. 建立行政审批长效机制和配套措施。推进行政审批标准化管理,严格规范行政审批裁量权。建立行政审批定期评价制度和动态清理制度。选择影响范围广、社会普遍关注、企业反映强烈的行政审批领域和事项,及时组织专项清理。完善规范性文件合法性审查、备案监督、适时评估和定期清理制度。及时修订完善相关地方性法规和政府规章,用制度保障和深化行政管理体制创新。省编办对省政府部门职能履行情况实行常态化管理,及时评估行政审批等职能运行情况,确保已经取消的审批项目落实到位,并对部门的职能机构编制作相应调整。

三、组织保障

(一)加强组织领导

省政府已建立行政审批制度改革联席会议制度,统一指导协调全省行政审批制度改革工作,研究解决审批制度改革重要问题。联席会议办公室(审改办)设在省编办,承担日常工作。各级政府、各部门要把深化行政审批制度改革工作列入重要议事日程,主要领导亲自抓,分管领导具体负责,把深化行政审批制度改革目标落到实处。各市、县(市、区)人民政府要做好国务院、省政府取消下放行政审批事项的衔接工作,并结合实际制定本级简政放权深化行政审批制度改革的具体办法。同时,及时总结工作经验,推广成功做法。

(二)加强协调配合

省行政审批制度改革联席会议成员单位要充分发挥职能作用,按照职责分工密切配合、齐抓共管。有关部门要从改革大局出发,协调联动、互相支持、通力合作。省编办要切实承担起审改办的职责,发挥牵头作用。行政监察等部门要发挥监督监察职能,将行政审批制度改革工作落实情况纳入监督体系,加强行政问责。政府法制部门要依法对法规规章进行调整完善,加强行政审批执法监督。各相关部门要完善行政审批制度改革工作机制,强化协作配合,落实责任分工,形成工作合力。

(三)加强监督检查

各地、各部门要加强对行政审批制度改革工作的监督检查,坚决防止搞形式、走过场,决不允许上有政策、下有对策,避免明减暗不减、明放暗不放。省政府将组织省有关部门采取联合检查、重点抽查、明察暗访等形式加强督查,积极受理投诉举报,及时发现和纠正违法设定、实施行政审批的行为。凡违法设定、实施行政审批事项,违法违规收取行政审批费用,或者推诿拖延行政审批制度改革工作的,依法追究主管领导和直接责任人员的责任。

(四)加强宣传引导

切实做好行政审批制度改革政策的宣传工作,深化对行政审批制度改革必要性、复杂性的认识,正确引导社会舆论,回应群众关切,凝聚各方共识,形成改革合力,为深化行政审批制度改革营造良好的社会舆论环境。建立社会参与机制,拓宽公众参与渠道,充分调动社会参与和推动改革的主动性、创造性。建立健全与公众、企业有效沟通的协调机制,对企业和群众反映强烈的审批事项,应通过强制听证等方式充分征求意见,切实保障公众的知情权、参与权和监督权。

江苏省人民政府

2013 年 12 月 1 日

附录 14　省政府办公厅关于开展中小企业服务年活动的通知

苏政办发〔2012〕69 号

各市、县(市、区)人民政府,省有关部门和单位:

中小企业是经济发展、科技创新、改革开放的生力军,是促进就业的主渠道,是推动经济社会发展的重要力量。为进一步落实相关政策措施,努力改善服务环境,促进全省中小企业又好又快发展,经省人民政府同意,决定在全省开展中小企业服务年活动。现就有关事项通知如下:

一、总体要求和主要目标

(一)总体要求

以"聚焦中小企业,服务提档升级"为主题,以开展中小企业服务年活动为载体,以创新型、创业型、劳动密集型中小企业为工作重点,以实施"百千万"中小企业服务行动计划为主要措施,加快形成全社会关注、服务中小企业特别是小微企业的良好氛围,推动中小企业加快转型升级和平稳健康发展,为全省经济社会又好又快发展作出新的更大贡献。

(二)主要目标

创建 300 家中小企业公共服务示范平台,建设 300 家小微企业创业基地,培育 2 000 家小微企业进规模,服务 10 万家以上中小企业,培训 20 万名中小企业管理人员。

二、加强对中小企业的财税金融支持

(三)加大专项资金支持力度

进一步扩大省级中小科技型企业专项引导资金和省级中小企业发展基金规模。加强项目申报辅导培训服务,帮助中小企业争取国家和省专项资金扶持项目。发挥省新兴产业创业投资引导基金作用,吸引民间资本投资成长潜力较大的中小创新型企业。符合条件的国有创业投资机构和国有创业投资引导基金,投资于未上市中小企业形成的国有股,报经国务院批准,可申请豁免国有股转持义务。

(四)减轻中小企业税费负担

严格执行《省政府关于治理规范涉企收费的政策意见》(苏政发〔2011〕168 号),深入开展规范涉企收费专项治理行动。加强中小企业享受优惠政策登记备案管理,3 年内对失业人员、大中专毕业生创立的注册资本不超过 10 万元的小微企业免征部分管理类、登记类和证照类行政事业性收费,确保符合条件的中小企业享受收费优惠政策。认真落实收费登记卡和收费项目公示制度,杜绝变相收费和隐形收费。2014 年 12 月 31 日前,对小微企业免征税务发票工本费。2015 年 12 月 31 日前,对年应纳税所得额低于 6 万元(含 6 万元)的小型微利企业,其所得减按 50%计入应纳税所得额,按 20%的税率缴纳企业所得税。扩大"同城通办"地域范围和办税事项,优化办税辅导和纳税服务,对中小企业开展个性化、专业化税收服务。

（五）改善金融支持环境

引导金融机构对小微企业加大信贷支持，支持辖区内金融机构发行小型微型企业贷款专项金融债券，增强地方金融机构小微企业信贷投放能力。金融机构对中小企业的贷款利率上浮不超过 30%，杜绝不合理的金融服务项目和收费。鼓励金融企业对中小企业贷款，对按规定比例计提的贷款损失专项准备金，凡符合条件的允许在企业所得税税前扣除。2014 年 10 月 31 日前，对金融机构与小型微型企业签订的贷款合同免征印花税。积极发展各类新型金融组织，力争全年全省村镇银行实现县域全覆盖，农村小额贷款公司新增 120 家左右，科技小额贷款公司新增 40 家左右。

（六）加强中小企业融资服务

开展小微企业融资对接，争取全年全省小微企业贷款增幅不低于全部贷款增幅。支持中小企业通过发行短期融资券、集合票据、集合债券拓展直接债务融资渠道。积极推广区域集优债务融资模式，扩大试点范围，力争区域集优债务融资试点市增加到 3 个以上，融资的中小企业数不少于 50 家，融资总额不低于 30 亿元。发挥小企业贷款风险补偿制度的激励作用，省级财政对各银行业金融机构年度新增小企业贷款余额给予 5‰的风险补偿。健全省、市、县三级担保服务网络，扩大中小企业融资担保规模，完善信用担保风险补偿机制，提高风险防范能力，力争全年全省融资担保机构在保余额增长 10%以上。制订鼓励中小企业争取上市的奖励办法，推动中小企业加快股份制改造，扶持有条件的中小企业上市，力争全年全省新增上市中小企业 40 家。

三、鼓励中小企业创新创业

（七）引导中小企业科技创新

落实中小企业科技创新扶持各项政策，组织人才引进、技术成果转化等对接活动，推动创新资源向中小企业集聚。培育和认定省中小企业创新能力建设示范企业、高成长型中小企业、科技创业优秀民营企业和优秀民营企业家各 100 个以上，宣传先进典型，发挥示范作用。实施高新技术企业培育计划，培育一批科技型中小企业成长为高新技术企业。

（八）强化科技创业服务

加强创业辅导服务，培育"专精特新"中小企业和特色产品，在战略性新兴产业领域扶持一批科技创业企业和企业家，打造引领产业发展、具有国际竞争力的创新型领军企业。鼓励中小企业加强创业投资，创业投资企业采取股权投资方式投资于未上市的中小高新技术企业 2 年以上，符合条件的，可以按照对中小高新技术企业投资额的 70%，在股权持有满 2 年的当年抵扣该创业投资企业的应纳税所得额，当年不足抵扣的，可以在以后纳税年度结转抵扣。

（九）支持中小企业创业

加强中小企业注册登记服务，通过实地走访、问卷调查、组织座谈等形式，了解企业服务需求，在全省推行网上远程名称核准和网上年检，为中小企业注册登记提供方便快捷的绿色通道。

四、引导中小企业集约集聚发展

（十）培育特色产业集群和中小企业产业集聚区

以国家和省产业政策为导向，立足不同地区资源禀赋和产业基础，推动中小企业特色产业集聚发展，培育一批省级中小企业产业集聚示范区。支持特色产业集群和中小企业产业集聚区加快基础设施建设，完善产业配套功能，健全公共服务平台，创建区域特色品牌。力争到 2012 年年底，全省新增 5 个百亿级特色产业集群，中小企业产业集聚区年营业收入同比增长 12％。

（十一）鼓励中小企业集约利用土地

支持重点中小企业集聚区新增标准厂房 1 500 万平方米，吸引 5 000 家中小企业入驻。对在中小企业产业集聚示范区内建设 4 层以上标准厂房的，优先安排土地指标。对于中小企业在初创期租赁标准厂房的，给予一定补贴。

五、帮助中小企业开拓市场

（十二）发挥中小企业展会的平台作用

支持我省中小企业参加第 9 届中国国际中小企业博览会、第 7 届亚太经济合作组织（APEC）中小企业技术交流暨展览会等国内外重点和专业品牌展示展销会，增强江苏中小企业产品和品牌的影响力与辐射力，对中小企业开拓国内、国际市场，给予 50％展位费补贴。提升本省中小企业品牌展会的办会水平，为我省中小企业市场开拓、技术交流创造条件。

（十三）支持中小企业"走出去"

鼓励、引导我省中小企业到省外、境外建立生产、研发、营销基地，开展并购等投资业务，收购先进技术和知名品牌，带动产品和服务出口。组织我省中小企业参加"台湾周"、"江苏产品万里行"等活动，与日本、德国、意大利、澳大利亚、东南亚等国家和地区的企业开展经贸合作，帮助我省中小企业开拓国际市场。建立"走出去"重点支持和联系企业制度，加大对中小企业"走出去"在融资、资讯和风险防范等方面的支持力度。建立境外产业集聚区，为我省抱团"走出去"的中小企业在对外投资方面搭建更多平台。

（十四）扩大政府对中小企业的采购

进一步落实国家和省支持中小企业参加政府采购的政策措施，清理不合理限制，明确中小企业参与政府采购中标份额的比例标准，举办专门面向中小企业的政府采购活动，推动中小企业在同等条件下优先获得政府采购合同。

六、提升中小企业经营管理水平

（十五）深化中小企业内部管理

开展中小企业管理素质提升活动，设立"中小企业管理创新奖"，认定 100 家管理创新示范企业，引导中小企业进一步提高管理水平。开展中小企业质量承诺活动，加强中小企业质量诚信自律，支持中小企业取得质量管理体系认证、环境管理体系认证和产品认证等国际标准认证。

（十六）加快中小企业信息化建设

依托中国电信等运营商在网络、技术、服务、人才方面的资源优势，为企业提供基础通信网络、业务流程、运行监管等信息化应用解决方案，引导中小企业运用现代信息技术和信息化产品，提高经营管理的科学化、网络化、智能化水平。大力推进"数字企业"创建活动，开展"百场万企"数字企业培训，认定百家省"星级数字企业"。实施"百千万"电子商务应用计划，举办百场电子商务培训，支持千家中小企业成为电子商务平台会员并开展电子商务活动。

（十七）加强中小企业专业培训

依托各级中小企业服务中心、专业学校、企业大学和网络平台，为中小企业提供营销、质量、安全生产、财务、上市服务等培训。举办省暨南京市高层人才交流洽谈会，加强企业经营管理人才市场体系建设，鼓励各地以市场机制配置企业经营管理人才，为优秀人才的使用、管理和合理流动搭建良好平台。继续在清华大学、北京大学、中国人民大学等知名高校举办科技企业家专题高级研修班。省经济和信息化委（省中小企业局）联合有关高校，共同举办高层管理人员工商管理硕士（EMBA）学位班、EMBA 课程研修班、中小企业主研修班、中小企业竞争力大讲堂、网络在线培训，帮助中小企业培养经营管理人才、提高员工专业素质。

七、健全中小企业服务体系

（十八）完善中小企业服务体系

到 2012 年年底，全省基本建立以公益性服务机构为主导、商业性服务机构为支撑的省、市、县三级中小企业服务体系。支持有条件的地区将中小企业服务中心延伸到乡镇（街道）和工业园区（集中区）。开展中小企业服务中心提档升级活动，建设在线服务系统和共享数据中心，整合服务资源，提高服务水平，为中小企业提供找得着、用得起的服务。引导各类社会服务机构为广大中小企业提供信息、培训、技术、创业、检测、咨询、管理等优质服务。

（十九）建设小微企业创业基地

在全省开发区（工业园区、集中区）建设 300 家小微企业创业基地。开展小微企业创业基地巡诊活动，组织创业辅导、管理咨询等活动，集中咨询诊断，持续跟踪辅导，为小微企业成长提供专业化建议，全年推动 2 000 家小微企业上规模。

（二十）推进公共技术服务平台建设

依托大专院校和重点产业集群，在新兴产业集聚区和工业园区建立一批为中小企业提供研发设计、检验检测、新技术推广、人才培训、信息咨询等服务的公共技术服务平台，支持其进一步完善服务功能、提高服务能力，全年至少为 10 万家中小企业提供服务。

（二十一）加强中小企业用工服务

引导中小企业依法规范用工，签订劳动合同，缴纳社会保险。对规范用工的中小企业及时提供有效的政策咨询、职业介绍等用工服务，对符合条件的中小企业及时落实各项就业扶持政策。

八、营造有利于中小企业发展的良好环境

（二十二）加强组织领导

省人民政府成立促进中小企业发展联席会议，加强对中小企业发展工作的组织领导和政策协调。联席会议办公室设在省经济和信息化委（省中小企业局）。各地也要抓紧建立相应的组织机构和工作机制，健全责任机制，加大督查力度，提高对中小企业工作的组织领导水平。

（二十三）狠抓政策落实

近年来，省人大修订了《江苏省中小企业促进条例》，省人民政府制定了《关于促进中小企业平稳健康发展的意见》（苏政发〔2008〕89 号）、《关于进一步促进中小企业发展的实施意见》（苏政发〔2010〕90 号）、《关于改善中小企业经营环境的政策意见》（苏政发〔2011〕153 号），提出了一系列支持中小企业发展的政策措施。各地、各有关部门要把落实相关政策措施作为中小企业服务年活动的重点，逐项梳理执行情况，采取有效措施，确保落实到位。

（二十四）强化运行监测

认真执行国家《中小企业划型标准规定》（工信部联企业〔2011〕300 号），在进一步加强规模以上中小工业企业运行监测分析的基础上，建立小微企业分类统计调查、监测分析和定期发布制度，抓好重点县（市）和重点企业运行监测分析，全面准确把握全省中小企业的运行情况。及时加强煤、电、油、气、运等生产要素的协调和企业用工对接，保障中小企业正常生产经营。

（二十五）开展政策宣传

通过新闻媒体宣传、现场宣讲、印发手册、网络在线解读等方式，开展全方位的中小企业政策宣传活动。举办中小企业政策大讲堂系列活动，组织专家团队深入产业集群和园区，提供现场政策咨询宣讲服务。汇编近年来国家及省出台的扶持和促进中小企业发展的政策，免费向中小企业发放。

2012 年 4 月 16 日

附录 15　江苏省财政厅　江苏省商务厅
关于印发《江苏省中小企业国际市场开拓资金管理办法实施细则》的通知

苏财规〔2011〕42 号

各市、县财政局、商务局,省属有关单位:

为加强对我省中小企业国际市场开拓资金的管理,提高资金使用效益,支持中小企业发展,根据《中小企业国际市场开拓资金管理办法》(财企〔2010〕87 号),制定《江苏省中小企业国际市场开拓资金管理办法实施细则》。现印发给你们,请遵照执行。

附件:江苏省中小企业国际市场开拓资金管理办法实施细则

2011 年 11 月 3 日

附件:

江苏省中小企业国际市场开拓资金管理办法实施细则

第一章　总则

第一条　为加强我省中小企业国际市场开拓资金(以下简称"市场开拓资金")的管理,提高资金使用效益,支持中小企业发展,根据财政部《中小企业国际市场开拓资金管理办法》(财企〔2010〕87 号)(以下简称"管理办法"),制定《江苏省中小企业国际市场开拓资金管理办法实施细则》(以下简称"实施细则")。

第二条　本"实施细则"所指市场开拓资金专指中央财政用于支持中小企业开拓国际市场各项业务的专项资金。

第三条　市场开拓资金的管理和使用遵循公开透明、突出重点、专款专用、注重实效的原则。

第二章　管理部门

第四条　江苏省财政厅和江苏省商务厅共同对市场开拓资金的使用和项目执行情况进行管理。

江苏省商务厅负责全省市场开拓资金的业务管理,提出市场开拓资金的支持重点、年度预算及资金安排建议,会同省财政厅组织项目的申报和评审。

江苏省财政厅负责全省市场开拓资金的预算管理,审核资金的支持重点和年度预算建议,确定资金安排方案,办理资金拨付,会同省商务厅共同对项目及资金的使用情况进行监督检查。

第三章　支持对象

第五条　市场开拓资金用于支持中小企业独立开拓国际市场和为中小企业服务的企业、社会团体和事业单位（以下简称"项目组织单位"）组织中小企业开拓国际市场的活动。

第六条　中小企业独立开拓国际市场的项目为企业项目；项目组织单位组织中小企业开拓国际市场的项目为团体项目。

第七条　申请企业项目的中小企业应符合下列条件：

（一）在江苏省内注册，依法取得进出口经营资格或依法办理对外贸易经营者备案登记的企业法人，上年度海关统计进出口额在 4 500 万美元以下；

（二）近 3 年在外经贸业务管理、财务管理、税收管理、外汇管理、海关管理等方面无违法、违规行为；

（三）具有从事国际市场开拓的专业人员，对开拓国际市场有明确的工作安排和市场开拓计划；

（四）未拖欠应缴还的财政性资金。

第八条　申请团体项目的单位应符合下列条件：

（一）通过管理部门审核具有组织中小企业培训资格；

（二）申请的团体项目应以支持中小企业开拓国际市场和提高中小企业国际竞争力为目的；

（三）未拖欠应缴还的财政性资金。

第四章　支持内容

第九条　市场开拓资金的主要支持内容是：境外展览会；企业管理体系认证；各类产品认证；境外专利申请；电子商务；境外广告和商标注册；境外投（议）标；国际市场宣传推介；国际市场考察；国际市场分析；企业培训（具体支持内容及标准详见附件一）。

第十条　市场开拓资金优先支持下列活动：

1. 面向拉美、非洲、中东、东欧、东南亚、中亚等新兴国际市场的拓展。重点扶持机电产品、高新技术产品、农产品出口企业开拓国际市场活动。

2. 支持中小企业取得质量管理体系认证、环境管理体系认证和产品认证等国际认证。

3. 境外专利申请和商标注册。

第五章　支持标准

第十一条　市场开拓资金对符合实施细则第九条规定且实际支出金额不低于 1 万元的项目予以支持，支持金额不超过支持项目内容所需金额的 50%。

第十二条　对不同类别项目，我省市场开拓资金采用定额、最高限额及按比例相结合的方式予以支持（具体标准见附件一）。

第十三条　我省中小企业申请的企业项目，每个企业每年度项目支持金额最高不超过 200 万元人民币。

第十四条　我省中小企业或项目组织单位申请的项目实行数量控制，每年度申请项目数量最多不超过 8 个。

第十五条　以外币为计算单位发生的费用支出，按费用支出凭证发生日中国人民银行公布的外汇牌价,折算为人民币。

第十六条　中小企业或项目组织单位必须直接通过本公司银行账户支付项目费用,凡是现金、个人、关联公司支付的项目费用不予支持。

第六章　资金管理

第十七条　企业申请项目资金支持应按实施细则附件中的"江苏省中小企业国际市场开拓资金支持内容说明"和"江苏省市场开拓资金拨付申请材料要求"进行申报。在项目实施后,即可网上申报,并按要求向同级财政、商务部门报送相关材料。

第十八条　申请拨付项目资金时,应提交以下材料:

(一)中小企业国际市场开拓资金项目资金拨付申请表;

(二)历年开拓资金使用情况,主要内容包括:历年获取资金情况,取得的主要成效及存在的问题等;

(三)项目实际发生费用的合法凭证。

第十九条　符合实施细则第七、八条申请条件的中小企业或项目组织单位,可按照本实施细则所附的支持内容,向资金主管部门提出项目资金拨付申请。时间分别为:每年7月至8月申请上半年项目,次年1月至2月申请上年度下半年项目。

第二十条　各地商务、财政部门对项目资金拨付申请进行初审,两部门以正式文件联合上报,附件应包括初审情况汇总表。具体申报材料,分别于每年9月30日前(申报上半年项目)及次年3月31日前(申报上年度下半年项目)上报省商务厅。两部门的联合上报的文件分别报省财政厅和省商务厅。

第二十一条　省商务厅、省财政厅对各地上报项目资金拨付申请审核公示后,由省财政按照财政资金管理要求拨付资金。

第二十二条　中小企业获得的项目资金,应按照国家相关规定进行财务处理。

第七章　监督检查

第二十三条　省财政厅和省商务厅对市场开拓资金共同实施监督检查。检查内容包括:项目的执行情况,项目资金的使用和财务管理情况。

第二十四条　使用市场开拓资金的中小企业或项目组织单位应按有关财务规定妥善保存有关原始票据及凭证备查,对省财政厅和省商务厅的专项检查,应积极配合并提供有关资料。

第二十五条　凡有下列行为,均属违反实施细则规定的行为:

(一)截留、挪用、侵占市场开拓资金的;

(二)用于个人福利、奖励及消费性开支或用于补充行政经费不足的;

(三)同一项目重复申请的;

(四)利用虚假材料和凭证骗取资金的;

(五)项目组织单位利用市场开拓资金,直接用于提高自身盈利水平和经济效益的;

(六)违反实施细则的其他行为。

第二十六条　对发生上述行为的中小企业或项目组织单位,省财政厅将停止拨付并追缴已经取得的项目资金;省商务厅将取消其申请资格,并在五年内不再接受其申请使用市场开拓资金。

第二十七条 严重违反实施细则并构成犯罪的,移交司法部门依法追究刑事责任。

第八章 附则

第二十八条 中小企业或项目组织单位组织中小企业开拓香港、澳门、台湾地区市场参照本办法执行。

第二十九条 市、县商务部门会同财政部门每年需对本地市场开拓资金的执行情况进行总结和效益评价分析,于次年3月1日前将有关报告上报省财政厅(工贸发展处)、省商务厅(财务处)。

第三十条 本实施细则自2011年12月10日起实施。原江苏省财政厅、江苏省商务厅《江苏省实施〈中小企业国际市场开拓资金管理办法〉细则(试行)》(苏财规[2010]24号)同时废止。

附件一:

江苏省中小企业国际市场开拓资金支持内容说明

一、境外展览会(企业\团体)

(一)境外展览会项目的支持内容和标准

申请者:中小企业、项目组织单位

支持内容	支持比例	支持标准(元)	
		基本展位	增加展位
展位费(场地、基本展台、桌椅、照明)	50%	20 000	10 000
大型展品回运费	50%	20 000	10 000

(二)境外展览会项目的申请要求

1. 境外展览会,指在境外举办的国际性的综合或专业展览会,以及经我国相关主管部门批准在境外主办的各类经济贸易展览会。

2. 申请境外展览会项目,须具有组展方的邀请文件,并按国家相关规定办理外汇、出境等相关业务手续。

3. 展位费支持标准按每个企业申请一个基本展位(9平方米,下同)计算,每增加一个展位支持金额增加10000元,最多不超过三个展位。

4. 传统市场国别(地区)按照50%给予支持,新兴市场国别(地区)按照70%比例给予支持。

5. 在香港、澳门地区举办的展览会,按上述标准的60%计算。

6. 大型展品特指何种在1立方米且重量在1吨以上的展品。

7. 项目组织单位组团参加境外展览会,参展的企业应全部为在相关系统注册登记的中小企业,且企业数量应达到10家以上(含10家),同时项目组织单位可代企业申报展位费支持。

二、企业管理体系认证

（一）企业管理体系认证的支持内容和标准

申请者：中小企业

支持内容	支持比例	最高限额(元)
ISO9000 系列质量管理体系标准认证	50%	35 000
ISO14000 系列环境管理体系标准认证	50%	35 000
职业安全管理体系认证	50%	35 000
卫生管理体系认证	50%	35 000
其他管理体系认证	50%	35 000

（二）企业管理体系认证项目的申请要求

1. 企业管理体系认证项目由企业独立申请,申请时请选择"企业管理体系认证"类项目。

2. 企业管理体系认证须在认证结束并取得相应资质的当年申请资金支持。

3. 企业管理体系认证只对企业初次认证的认证费或认证证书换证当年的审核费用按比例和限额予以支持,不支持咨询培训、年费等支出。

4. 企业进行管理体系认证应由在中国境内注册,并经中国认证认可监督管理委员会批准的认证机构(可通过 www.cnab.org.cn 进行查询)进行认证。

5. 对不同的管理体系认证应分别申请,每个项目只允许申请一种管理体系认证。

三、产品认证

（一）产品认证的支持内容和标准

申请者：中小企业

支持内容	支持比例	最高限额(元)
产品认证	50%	70 000
软件生产能力成熟度模型(CMM)认证	50%	500 000

（二）产品认证项目的申请要求

1. 产品认证项目由企业独立申请,申请时请选择"产品认证"类项目。

2. 产品认证应视具体产品进口国的有关法律、合同或机构对认证证明文件的要求,以及对证明文件发出机构的要求进行。产品认证不包括国家规定必须进行的强制性认证。

3. 从事产品认证的机构应经我国或要求认证企业所在国主管部门批准、具有产品认证的合法资格。

4. 产品认证须在认证结束并取得相应资质的当年申请资金支持。

5. 产品认证只对认证过程中发生的认证费用或产品检验检测费予以支持,其他费用不予以支持。

6. 对不同的产品认证应分别申请,每个项目只允许申请一种产品认证。

四、境外专利申请

（一）境外专利申请的支持内容和标准

申请者：中小企业

支持内容	支持比例	最高限额（元）
发明专利	50%	50 000
实用新型专利	50%	30 000
外观设计专利	50%	30 000

（二）境外专利申请项目的申请要求

1. 境外专利申请项目由企业独立申请，申请时请选择"境外专利申请"类项目。

2. 境外专利申请项目是指中小企业通过巴黎公约或 PCT 专利合作条约（PATENT COOPERATION TREATY）成员国提出的发明专利申请、实用新型专利申请或外观设计专利申请。

3. 境外专利申请须在申请获得通过并取得相应证明的当年申请资金支持。

4. 境外专利申请项目只对申请过程中发生的申请费、注册费予以支持，其他费用不予支持。

5. 境外申请专利项目，需按不同支持内容分别申请，每个项目只允许申请一种专利内容。

五、电子商务活动

（一）电子商务活动项目的支持内容和标准

申请者：中小企业

支持内容	支持比例	最高限额（元）
创建中小企业网站	50%	15 000
企业信息管理系统	50%	15 000
企业网络营销活动	50%	35 000

（二）电子商务活动项目的申请要求

1. 电子商务活动项目由企业独立申请，申请时请选择"电子商务活动"类项目。

2. 电子商务活动项目包括创建企业网站、开发企业电子信息管理系统及企业在互联网进行的网络营销活动。

3. 创建的中小企业网站应具有较丰富的产品或企业宣传内容，至少有一种外国文字或语言。

4. 企业信息管理系统是指开发从外贸业务单证管理、客户供应商管理、产品管理等外贸业务流程一体化的信息化管理项目。

5. 企业网络营销活动是指企业在国内、国际有影响的 B2B 网站进行宣传展示和商品营销等活动。

6. 创建企业网站和开发信息管理系统只支持一次性的建设开发费用，不支持后期维护、改版、升级等费用。

7. 为企业提供电子商务活动的服务商,应是依法注册、具有相应资质的法人,并通过了 ISO、CMMI 等相关资质认证。

8. 每个企业只支持一次创建企业网站和信息管理系统项目,每个企业每年只支持一个网络营销活动项目。

9. 电子商务活动应按不同项目内容分别申报。

六、境外广告与商标注册

(一)境外广告与商标注册项目的支持内容和标准

申请者:中小企业

支持内容	支持比例	最高限额(元)
境外宣传广告	50%	35 000
境外商标注册	50%	15 000

(二)境外广告与商标注册项目的申请要求

1. 境外广告与商标注册项目由企业独立申请,申请时请选择"境外广告与商标注册"类项目。

2. 企业所做广告类别包括路牌广告、报刊广告和影视广告。

3. 企业在境外发布宣传广告,只对广告费用予以支持,不支持其他相关费用。

4. 企业在境外进行产品商标注册,只对商标注册费用予以支持,不支持咨询服务、年费及其他相关费用。

5. 每个企业每种产品在一个国别(地区)只支持一次商标注册费用。

6. 境外广告和商标注册应按不同项目分别申报。

七、国际市场宣传推介

(一)国际市场宣传推介项目的支持内容和标准

申请者:中小企业

支持内容	支持比例	最高限额(元)
宣传材料的翻译及制作	50%	10 000
宣传视频的翻译及制作	50%	35 000

(二)国际市场宣传推介项目的申请要求

1. 国际市场宣传推介项目由企业独立申请,申请时请选择"国际市场宣传推介"类项目。

2. 为企业提供国际市场宣传推介项目的服务商,应是依法注册,并具有提供此项业务资质的法人。

3. 制作的宣传材料不少于 2 000 份,宣传视频不少于 5 分钟。

4. 宣传材料及宣传视频至少具有一种外国文字或语言。

5. 宣传材料和宣传视频应按不同项目分别申报。

八、境外市场考察

（一）境外市场考察项目的支持内容和标准

申请者：中小企业

支持内容	支持比例	最高限额（元）
交通费	50%	20 000
生活补贴	50%	20 000

（二）境外市场考察项目的申请要求

1. 境外市场考察项目由企业独立申请，申请时请选择"境外市场考察"类项目。

2. 境外市场考察，是指为全面了解和掌握国际市场商品销售情况、建立和完善销售渠道而对境外市场进行的商务考察和调研活动，包括应邀参加在境外举办的行业技术发展论坛、技术交流会等，不包括在境外的各类学习、参观等活动。

3. 境外市场考察项目，支持国家（地区）不超过 3 个，出访一个国家（地区）支持天数不超过 6 天，出访两个国家（地区）支持天数不超过 10 天，出访三个国家（地区）支持天数不超过 12 天，支持人数不超过 2 人。

4. 境外市场考察费用指进行境外市场考察人员的交通费和国外生活费。

（1）交通费是指考察人员所乘航班的经济舱费用，包括国别（地区）间往返费用，不包括国内机票费用及临时购买的访问国城市间交通费用。如采用其他交通工具，支持标准不超过同段航程飞机经济舱费用。

（2）国外生活费（包括住宿费、伙食费和公杂费）按国家规定的访问国补助标准进行核算。

5. 赴亚洲国家（地区）的交通费支持比例为 70%，最高支持金额为 4 000 元/人，南美、非洲交通费支持比例为 70%，最高支持金额为 8 000 元/人，其余国家（地区）交通费支持比例为 50%，最高支持金额为 6 000 元/人。

6. 交通费实际支出金额低于上述标准的，按实际支出金额的相应比例支持。

7. 同一国家（地区）考察一年只支持一次。

九、国际市场分析

（一）国际市场分析项目的支持内容和标准

申请者：中小企业

支持内容	支持比例	最高限额（元）
产品市场营销分析报告	50%	15 000
境外新建项目可行性研究报告	50%	15 000

（二）国际市场分析项目的申请要求

1. 国际市场分析项目由企业独立申请，申请时请选择"国际市场分析"类项目。

2. 国际市场分析项目是指企业对开拓国际市场有迫切需要又没有相应专业人才，必须借助省级以上专业研究机构才能完成的有关分析、研究报告。

3.国际市场分析报告应对企业进行市场营销、开拓国际市场、加快企业发展有重要指导意义,报告字数在3万字以上。

4.分析报告必须包括研究单位、报告起草人、主要著作等基本情况。

十、境外投(议)标

(一)境外投(议)标项目的支持内容和标准

申请者:中小企业

支持内容	支持比例	最高限额(元)
标书购置	70%	20 000
项目设计	70%	20 000
考察及调研交通费	70%	20 000

(二)境外投(议)标项目的申请要求

1.境外投(议)标项目由企业独立申请,申请时请选择"境外投(议)标"类项目。

2.境外投(议)标项目是指通过境外新闻媒体发布进行公开招(投)标或定向招(投)标的项目。

3.申请境外投(议)标项目的企业必须具有参加境外投(议)标的相应资格。

4.境外投(议)标项目包括:成套设备和大型单机境外投(议)标、对外工程承包投(议)标和大宗商品采购投(议)标等。

5.标书购置费,指企业从项目发标方直接购买标书所支出的费用;项目设计费,指企业没有专门人才按照项目发标方要求完成项目设计工作,必须委托省级以上专门设计研究机构进行设计所支出的费用。

6.考察及调研交通费,同一项目只支持两人(次),标准与境外市场考察项目中的交通费核算标准相同。

7.境外投(议)标项目应在投(议)标工作结束的当年申请,同一个项目只能申请一次。

8.境外投(议)标项目不论申报企业所属地区,一律按70%比例支持

十一、企业培训

(一)企业培训项目的支持内容和标准

申请者:项目组织单位

支持内容	支持比例	最高限额(元)
培训费	50%	20 000

(二)企业培训项目的申请要求

1.企业培训项目由项目组织单位直接申请,申请时请选择"企业培训"类项目。

2.企业培训项目只支持在境内针对中小企业的专项培训活动,包括外经贸业务基本知识、外经贸政策、开拓国际市场方法等。要求参加的中小企业不低于30家且时间在一天以上。企业培训项目不包括境外培训。

3. 企业培训项目只支持培训费、会务费，不包括参加培训所发生的差旅费、交通费等。

4. 项目组织单位在申请企业培训项目时，必须提供参会企业汇总表（网上申报完成后，系统自动生成）。

附件二：

江苏省市场开拓资金拨付申请材料要求

申请单位将"资金拨付申请表"输出打印加盖公章，并汇同相关项目申报材料（外文附件和单据的主要内容须翻译成中文）按顺序整理，每个项目单独装订成册。

一、境外展览会项目资金拨付申请

（一）企业项目需报送的书面资料包括：

1. 展会项目实际发生费用的合法凭证（发票）复印件；

2. 银行付款凭证复印件（加盖申请单位财务章）；

3. 如境外发票，须附银行付汇凭证（加盖申请单位财务章）；

4. 与展方或组团单位签订的展位确认文件（其中须包含展位面积和金额明细）；

5. 如企业独立参加境外展览，还需提供境外展方邀请函及与展方确定展位的有关文件（其中须包含展位面积和金额明细）复印件；

6. 凡参加中央部属单位组展的项目而企业又自行申报的，要求申报企业提供组团单位出具的未代为申报的证明原件。

7. 如申请大型展品回运费，应附回运费发票、展品图片、中国海关的报送资料。

（二）团体项目需报送的书面资料包括：

1. 发票、银行付款或付汇凭证；

2. 展方的邀请函复印件或国家有关部委批准参展的批复文件；

3. 项目组织单位的招展通知；

4. 与展方签订展位的合同（协议）；

5. 公共布展摊位的搭建合同（协议）；

6. 参展人员的护照（复印首页和出入境记录页）；

7. 公共布展展位效果图或照片。

二、管理体系认证资金拨付申请

需报送的书面资料包括：

1. 项目实际发生费用的合法凭证（发票）复印件（如外文发票须附翻译件并加盖申请单位财务章）；

2. 银行付款凭证复印件（加盖申请单位财务章）；

3. 项目申报单位与所委托的认证机构的合同复印件；

4. 中外文认证证书的复印件；

5. 认证机构资质证明文件。

三、产品认证资金拨付申请需报送的书面资料包括：

1. 项目实际发生费用的合法凭证（发票）复印件；

2. 银行付款凭证复印件（加盖申请单位财务章）；

3. 项目申报单位与所委托的认证机构的合同复印件；

4. 产品认证证书或检验检测报告复印件；

5. 认证机构和检验检测机构资质证明文件。

四、境外专利申请需报送的书面资料包括：

1. 项目申请过程中发生的申请费合法凭证（发票）复印件（加盖申请单位财务章）；

2. 银行付款凭证复印件（加盖申请单位财务章）；

3. 专利证书复印件；

4. 项目申报单位与被委托方签订的涉外专利申请代理合同（代理委托书）复印件；

5. 国家知识产权局专利局发出的 PCT 国际申请受理通知书（即 105 表）

6. 国家检索通知书（即 202 表）

7. 如为法定代表人申请，则应提交《法定代表人身份证明书》。

五、国际市场宣传推介资金拨付申请需报送的书面资料包括：

1. 项目实际发生费用的合法凭证（发票）复印件（加盖申请单位财务章）；

2. 银行付款凭证复印件（加盖申请单位财务章）；

3. 产品宣传材料和宣传视频制作合同复印件；

4. 产品宣传材料和宣传视频实物；

5. 制作单位资质证明。

六、电子商务资金拨付申请需报送的书面资料包括：

（一）创建中小企业网站

1. 项目实际发生费用的合法凭证（发票）复印件（加盖申请单位财务章）；

2. 银行付款凭证复印件（加盖申请单位财务章）；

3. 项目申报单位与网站开发制作单位的合同复印件；

4. 将创建的公司网站 ICP 备案信息查询页面打印在 A4 纸上。

（二）企业信息管理系统

1. 项目实际发生费用的合法凭证（发票）复印件（加盖申请单位财务章）；

2. 银行付款凭证复印件（加盖申请单位财务章）；

3. 项目申报单位与服务商签定的合同复印件；

4. 服务商资质证明；

5. 提供系统首页面和管理页面打印件。

（三）企业网络营销活动

1. 项目实际发生费用的合法凭证（发票）复印件（加盖申请单位财务章）；

2. 银行付款凭证复印件（加盖申请单位财务章）；

3. 项目申报单位与服务商签定的合同复印件；

4. 服务商资质证明；

5. 将企业在第三方电子商务平台所购买的电子商务服务页面信息截图及地址链接

打印在 A4 纸上。

七、境外媒体广告及商标注册资金拨付申请需报送的书面资料包括：

（一）境外媒体广告

1. 项目实际发生费用的合法凭证（发票）复印件（如外文发票须附翻译件并加盖申请单位财务章）；

2. 银行付款凭证复印件（加盖申请单位财务章）；

3. 路牌广告提供广告照片；

4. 报纸杂志广告提供广告正本；

5. 影视广告提供光盘；

6. 项目申报单位与广告发布方的合同复印件。

（二）境外商标注册

1. 项目实际发生费用的合法凭证（发票）复印件（如外文发票须附翻译件并加盖申请单位财务章）；

2. 银行付款凭证复印件（加盖申请单位财务章）；

3. 境外商标的注册文件及标识；

4. 项目申报单位与被委托方的合同复印件。

八、境外市场考察资金拨付申请需报送的书面资料包括：

1. 项目实际发生费用的合法凭证（发票）复印件（如外文发票须附翻译件并加盖申请单位财务章）；

2. 银行付款凭证复印件（加盖申请单位财务章）；

3. 出国考察人员的出国任务批件复印件；如因私签证，需提供出国考察人员邀请函、护照（含签证页）复印件和机票（船票、车票）复印件；

4. 出国考察人员当月及连续 6 个月的社保核定单（加盖社保部门公章）；台、港、澳人员提供劳动保障行政部门颁发的《台港澳人员就业证》（复印照片页和工作单位页），证书上的工作单位名称与申请单位名称须一致，且出国考察期在证件有效期内。外国人提供劳动保障行政部门颁发的《中华人民共和国外国人就业许可证书》（复印照片页和工作单位页），许可证上的工作单位名称与申请单位名称须一致且出国考察期在证件有效期内；

九、国际市场分析资金拨付申请需报送的书面资料包括：

1. 项目实际发生费用的合法凭证（发票）复印件（如外文发票须附翻译件并加盖申请单位财务章）；

2. 银行付款凭证复印件（加盖申请单位财务章）；

3. 申报单位委托科研单位委托合同的复印件；

4. 分析报告（附电子文档）；

5. 提供受托单位的业务范围相关文件的复印件。

十、境外投（议）标资金拨付申请需报送的书面资料包括：

（一）购置标书

1. 项目实际发生费用的合法凭证（发票）复印件（如外文发票须附翻译件并加盖申请单位财务章）；

2. 银行付款凭证复印件(加盖申请单位财务章);

3. 申报单位具有参加境外投(议)标的相应资格证;

4. 公开招(投)标或定向招(投)标的项目通过境外新闻媒体发布的相关资料;

5. 所购置标书封面复印件及中标后的合同(若中标)。

(二)项目设计

1. 项目实际发生费用的合法凭证(发票)复印件(如外文发票须附翻译件并加盖申请单位财务章);

2. 银行付款凭证复印件(加盖申请单位财务章);

3. 与初步设计单位所签订合同或委托文件复印件。

(三)考察及调研

1. 提供与招标项目有关的证明文件;

2. 其他材料同境外市场考察项目要求。

十一、企业培训资金拨付申请需报送的书面资料包括:

1. 项目实际发生费用的合法凭证(发票)复印件(加盖申请单位财务章);

2. 银行付款凭证复印件(加盖申请单位财务章);

3. 会议通知及会议资料;

4. 会议签到单;

十二、管理部门审核要求

1. 各级管理部门应严格审核企业申报资质,并确认企业注册信息是否已及时更新。

2. 申报企业如因客观原因无法提供清晰复印件,请由管理部门在确认原件后签字,并加盖公章确认。

3. 因资金额度有限,请各级管理严格审核,避免企业重复申报项目。

4. 各级管理部门应督促申报企业及时提交完整申报材料。

后　　记

2014 年江苏中小企业生态环境评价报告是南京大学金陵学院企业生态研究中心成立后第一个原创性成果。研究中心为确保原创性成果应有的质量和水平,广泛征求和汲取了相关专家学者对评价报告的修改建议,为此延后一段时间出版,但这是非常必要的。

随着问卷调研流程日益成熟和评价体系的健全完善,研究中心从 2015 年起,将定期在每年 11 月发布当年的江苏中小企业景气指数,每年 3 月前出版年度(上一年)的江苏中小企业生态环境评价报告。

2014 年江苏中小企业生态环境评价报告的写作人员分工如下:

陈敏,男,南京大学管理学博士,南京大学金陵学院企业生态研究中心副主任,南京大学金陵学院商学院教师。主要负责评价报告的第二、三、四、五、六部分的撰写。

徐林萍,女,南京大学金陵学院商学院副教授、副院长,南京大学金陵学院企业生态研究中心副主任,南京大学世界经济专业在读博士生,主要负责报告第一部分的撰写。

于润,男,南京大学商学院金融与保险学系教授,南京大学金陵学院商学院院长,南京大学金陵学院企业生态研究中心主任,负责报告体系和研究方法的创建,制定写作大纲,参与第一部分的撰写,并撰写前言和后记,以及报告全文的统稿和审定。

评价报告的第七部分是调研报告专题,共 6 篇论文,是南京大学金陵学院商学院部分教师和学生赴江苏 13 市中小企业集聚区调研的成果。

评价报告写作进程中组织过多次研讨和征求意见会,专家们对评价报告付出大量心血,提出了许多宝贵的修改建议。这些专家既是南京大学商学院的教授,又是兼任南京大学金陵学院商学院各系的系主任,同时兼任南京大学金陵学院企业生态研究中心的高级顾问和报告编委会成员,他们分别是南京大学金陵学院商学院国际经济与贸易系赵曙东主任,市场营销系吴作民主任,会计学系陈丽花主任和苏文兵副主任,金融学系杨波主任。

评价报告还汲取了南京大学商学院管理学院工商管理系统计专家耿修林教授,南京大学商学院经济学院产业经济系主任郑江淮教授,南京大学商学院"长三角经济发展研究中心"副主任姜宁教授等提出的宝贵建议,在这里一并表示衷心的感谢!

南京大学已离任的校党委书记、著名经济学家洪银兴教授非常关心和支持研究中心的这一原创性项目,亲临 2014 年江苏中小企业景气指数发布会,发表了热情洋溢的致辞,并作为编委会顾问为评价报告作序,对项目的推进提出宝贵建议和殷切希望,更加坚定了研究中心努力完成好这一原创性成果的信心和方向。

最后,研究中心还衷心感谢江苏省委、省政府相关部门(江苏省委政策研究室信息处、江苏省金融办公室银行二处、江苏省经济信息化委员会、江苏省中小企业局、江苏省统计局、江苏省社情民意调查中心)对江苏中小企业景气指数编制和评价报告出版的大力支持!

南京大学金陵学院企业生态研究中心　于润

2015 年 11 月